全图解个性混搭毛衫编织

王春燕 著

河南科学技术出版社
·郑州·

目录
Contents

Page

82

创意皮草披肩

Page
84

围肩高领上衣

Page
86
蜜宠时尚围巾

Page
88
绞花流苏马甲

Page
90
圆蚌披肩

Page 92
收腰裙式美衣

Page
94

可爱的球球马甲

Page

96

锯齿领边连衣裙

Page
98

V领束腰上衣

Page
100
梯形小披肩

Page
102
拥肩开衫

Page 104

中袖收腰开衫

Page
106
皮草拥肩女装

Page
108
皮草大翻领上衣

Page 110

首尔印象围巾

Page 112

修身高领上衣

Page 114

明星范儿多用围巾

Page 116

360度宽摆开衫

Page

118

凹形小披肩

Page
120
水蓝上衣

Page
122

皮草收腰披肩

Page
124
曼妙美披

Page
126
多穿的时尚女装

Page
128

连帽围巾

Page
130
长方形披肩式上衣

Page
132
韩式波浪边开衫

Page
134
精致的小帽衫

Page

136

低领短款女装

Page

138

撞色皮草披肩

Page
140

脖套多穿披肩

Page
142

樱桃花叶小披

Page

144

创意无限的开衫

Page
146
玉扇花连衣裙

Page 148

魅力十足的短袖帽衫

Page
150

花海小开衫

Page
152

无袖连衣裙

Page

154 曼妙花边收腰披肩

Page
156
短袖360度开衫

Page
158
优雅华贵披肩

Page
160
子叶小披肩

Page
162
流苏花边帽披肩

Page
164
婉约风马甲

Page
166
水波树影开衫

Page
168
两面穿键盘披肩

Page
170
高雅简约的披肩

朗辰青铜雕塑
Langchen Bronze Sculpture

毛衣各部分称谓

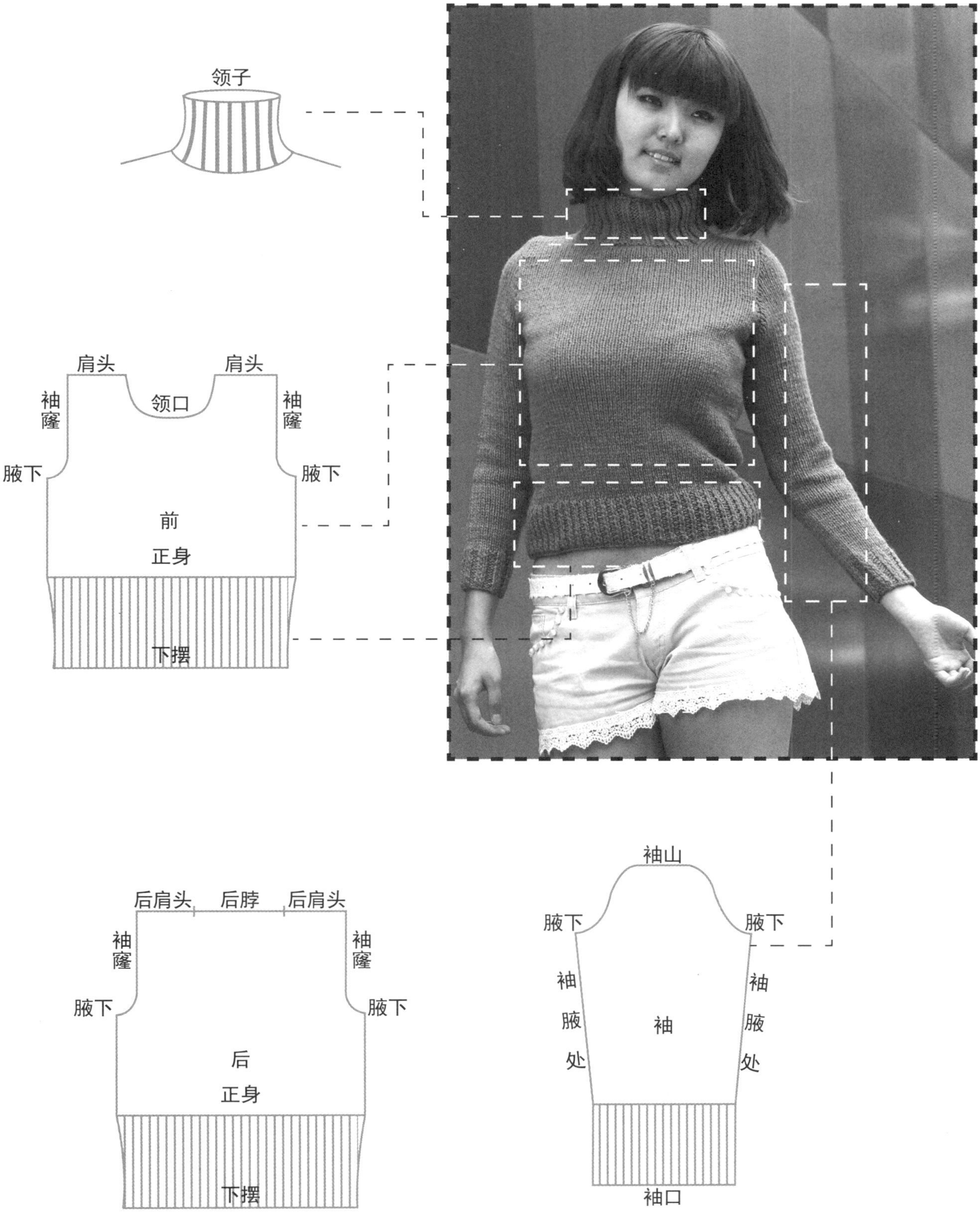
领子
肩头
肩头
袖窿
领口
袖窿
腋下
腋下
前
正身
下摆
后肩头
后脖
后肩头
袖窿
袖窿
腋下
腋下
后
正身
下摆
袖山
腋下
腋下
袖腋处
袖
袖腋处
袖口

4 创意皮草披肩

材料:	278规格纯毛粗线
用量:	450克
工具:	6号针
尺寸:	以实物为准
平均密度:	边长10厘米方块 = 19针 × 25行

编织简述:

按图加减针织一个不规则形，然后按相同字母缝合两处后形成披肩。

编织步骤:

❶ 用6号针起66针，往返织3厘米拧针单罗纹。

❷ 按排花①往返向上织50厘米后，在右侧每行加1针共加35次，整片共101针。

❸ 按排花②向上往返织26厘米后，在56正针中间左右均分，小片35针、大片66针，向上织14厘米后，再合成101针整片向上织18厘米；然后再一次分片织5厘米。形成的第一个长洞为右袖口；第二个长洞用于穿围巾。

❹ 第二次合成101针大片向上再织9厘米后，改织3厘米拧针单罗纹并收机械边。

❺ 按相同字母将加针后形成的斜边与起针处整齐缝合形成披肩。

小提示:
麻花针为领边，洗涤后注意整理成波浪效果。

排花①:

14	2	20	2	28
麻花针	反针	绵羊圈圈针	反针	正针

排花②:

14	2	20	2	56	7
麻花针	反针	绵羊圈圈针	反针	正针	锁链针

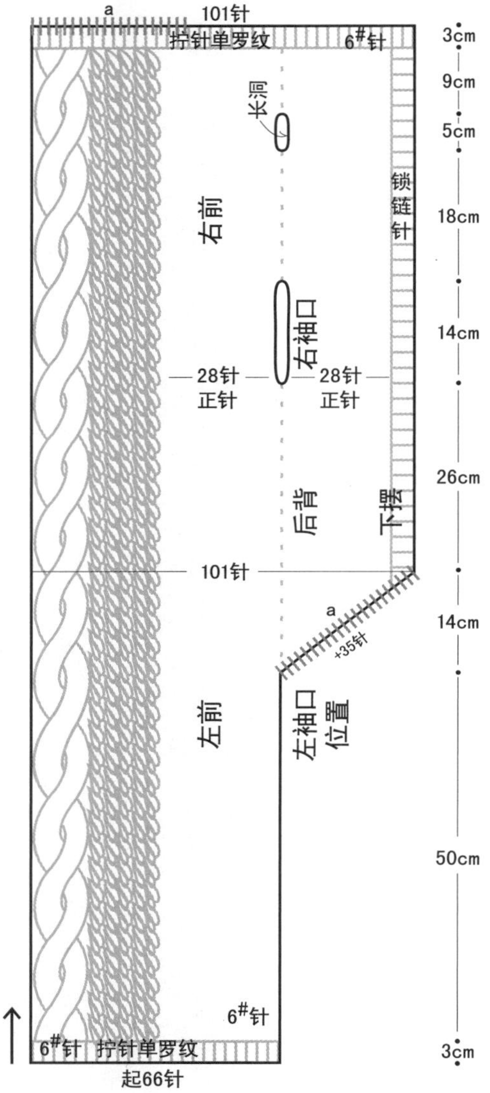

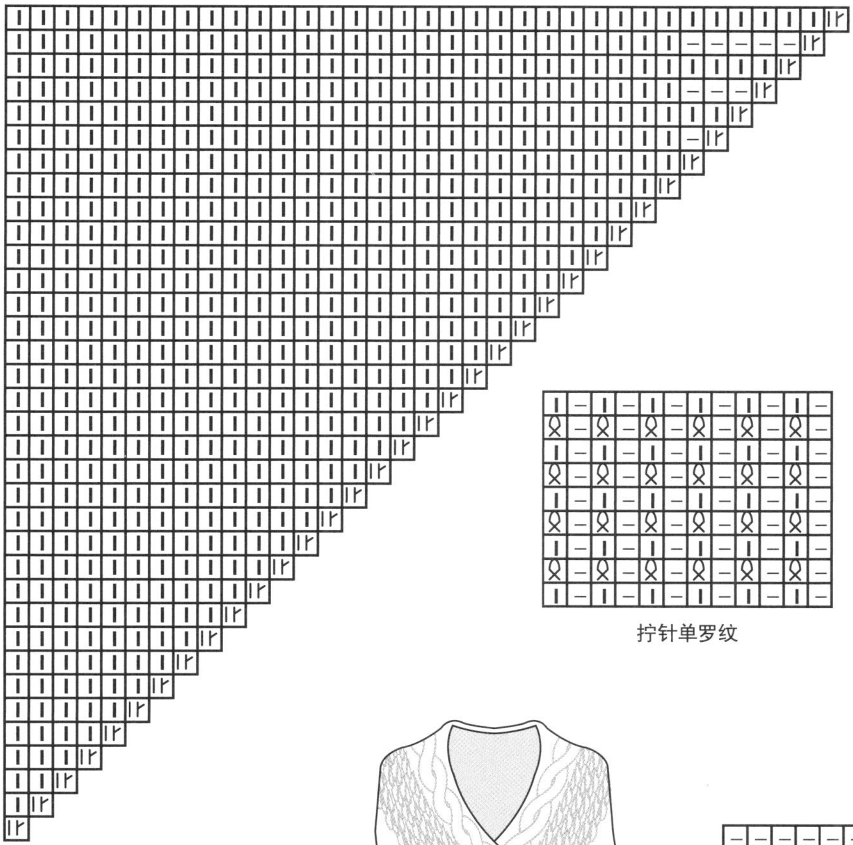

加针方法

拧针单罗纹

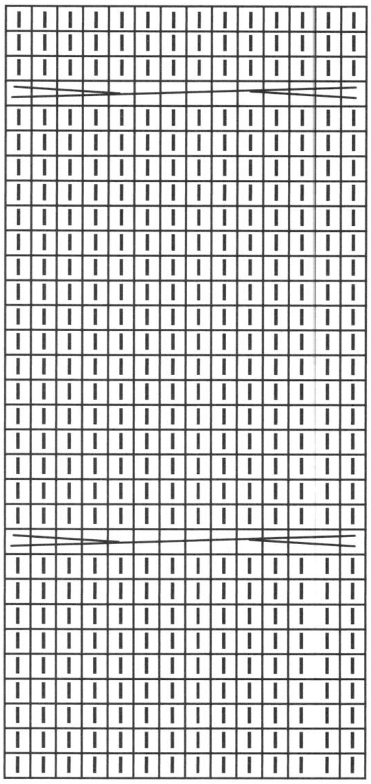

麻花针

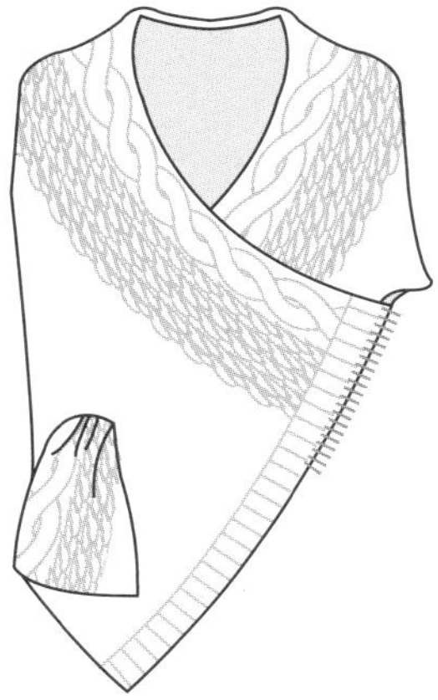

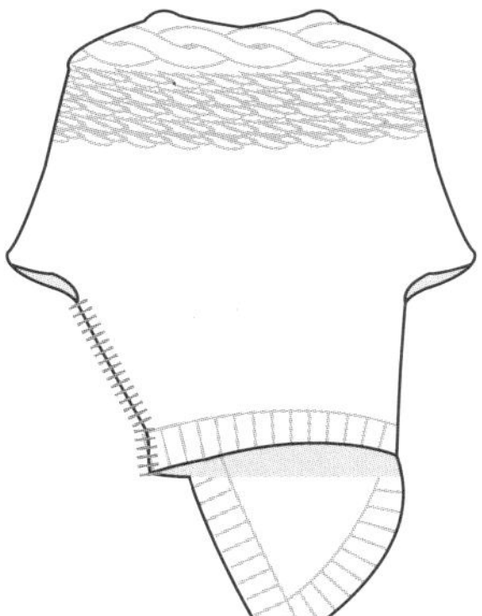

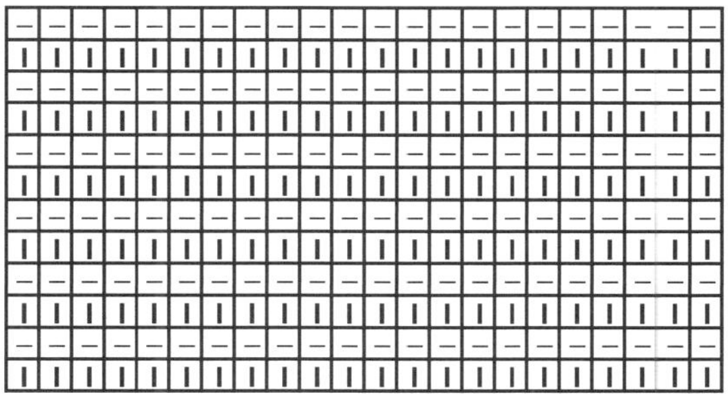

锁链针

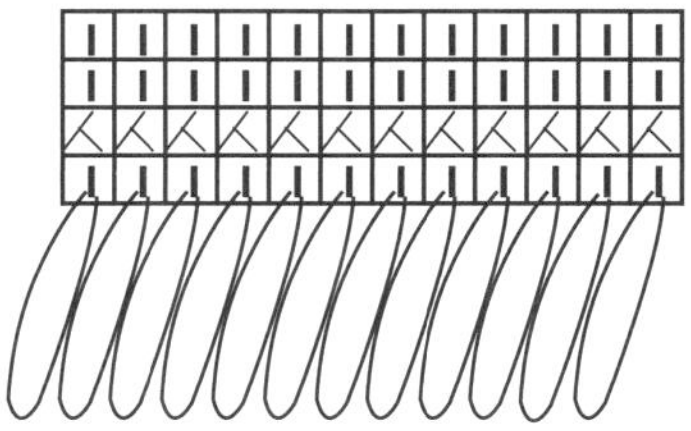

第一行：右食指绕双线织正针，然后把线套绕到正面，按此方法织第2针。
第二行：由于是双线所以2针并1针织正针。
第三、四行：织正针，并拉紧线套。
第五行以后重复第一到第四行。

绵羊圈圈针

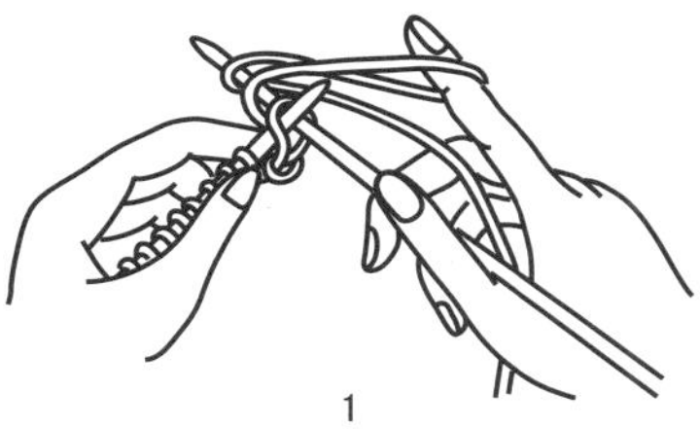

1

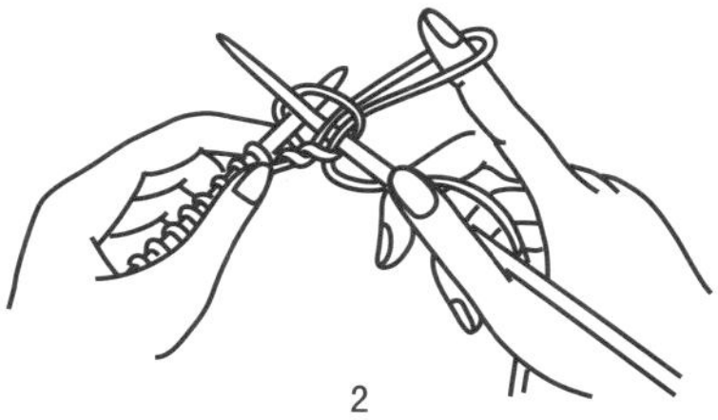

2

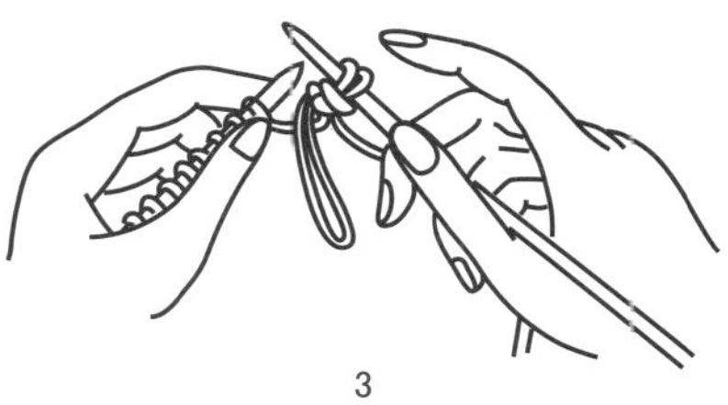

3

绵羊圈圈针

7 围肩高领上衣

材　　料： 278规格纯毛粗线

用　　量： 450克

工　　具： 6号针、8号针、9号针

尺　　寸： 以实物为准

平均密度： 边长10厘米方块 = 20针 × 25行

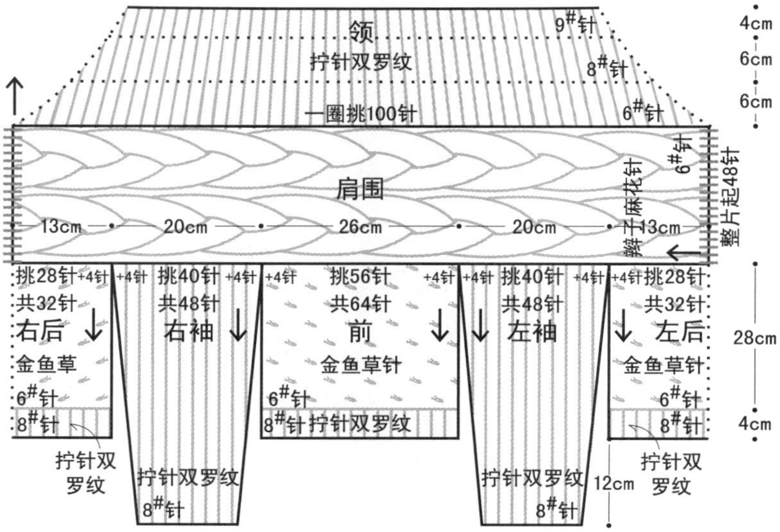

编织简述：

按花纹往返织长条后对头缝合形成肩围，从下沿挑织正身和袖子；从上沿挑织领子。

编织步骤：

❶ 用6号针起48针，往返织92厘米辫子麻花针后对头缝合形成肩围。

❷ 用6号针从下沿正中52厘米位置挑出112针，左右各平加8针，一圈合成128针向下环形织金鱼草针，至28厘米后，换8号针改织4厘米拧针双罗纹。

❸ 正身两侧的各20厘米位置为左右袖，从此处环形挑出48针，含正身平加的8针。用8号针向下环形织44厘米拧针双罗纹后收针形成袖子。

❹ 从肩围的上沿挑出100针，用6号针环形织6厘米拧针双罗纹后，换8号针织6厘米，最后换9号针织4厘米后收边形成高领。

小提示：
注意辫子麻花针之间无反针。

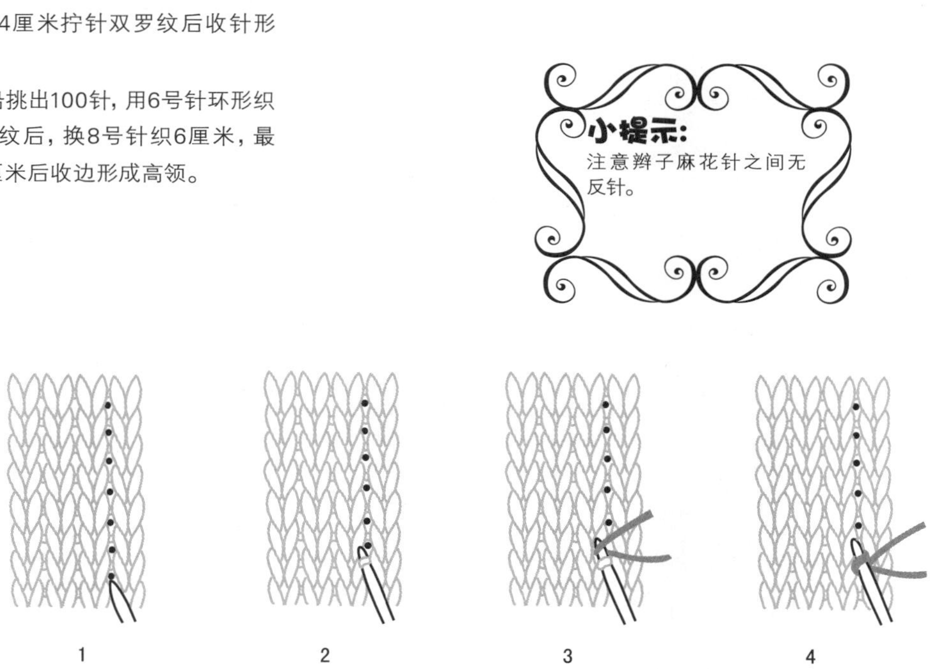

挑织方法

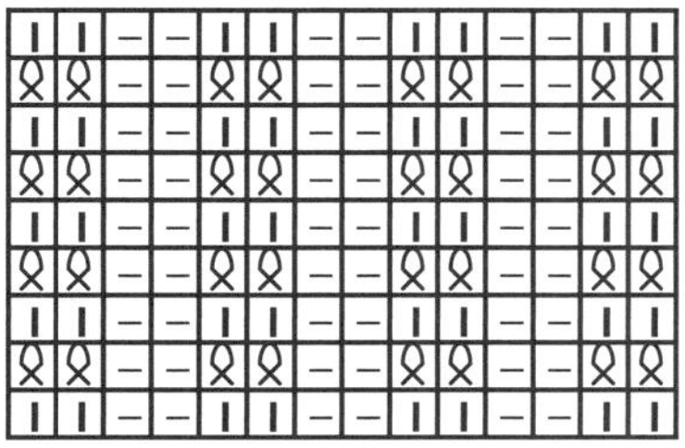

拧针双罗纹

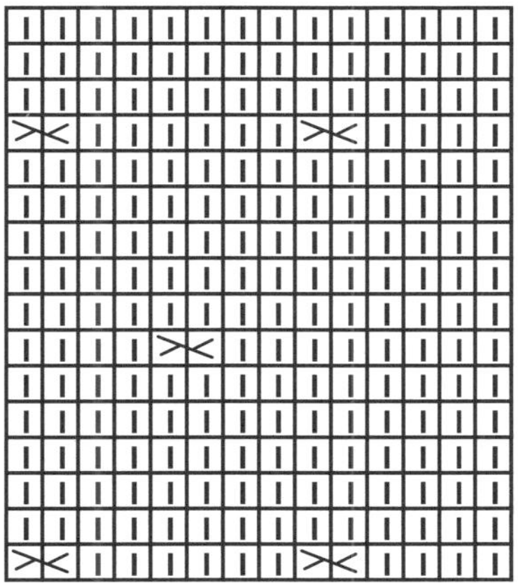

金鱼草针

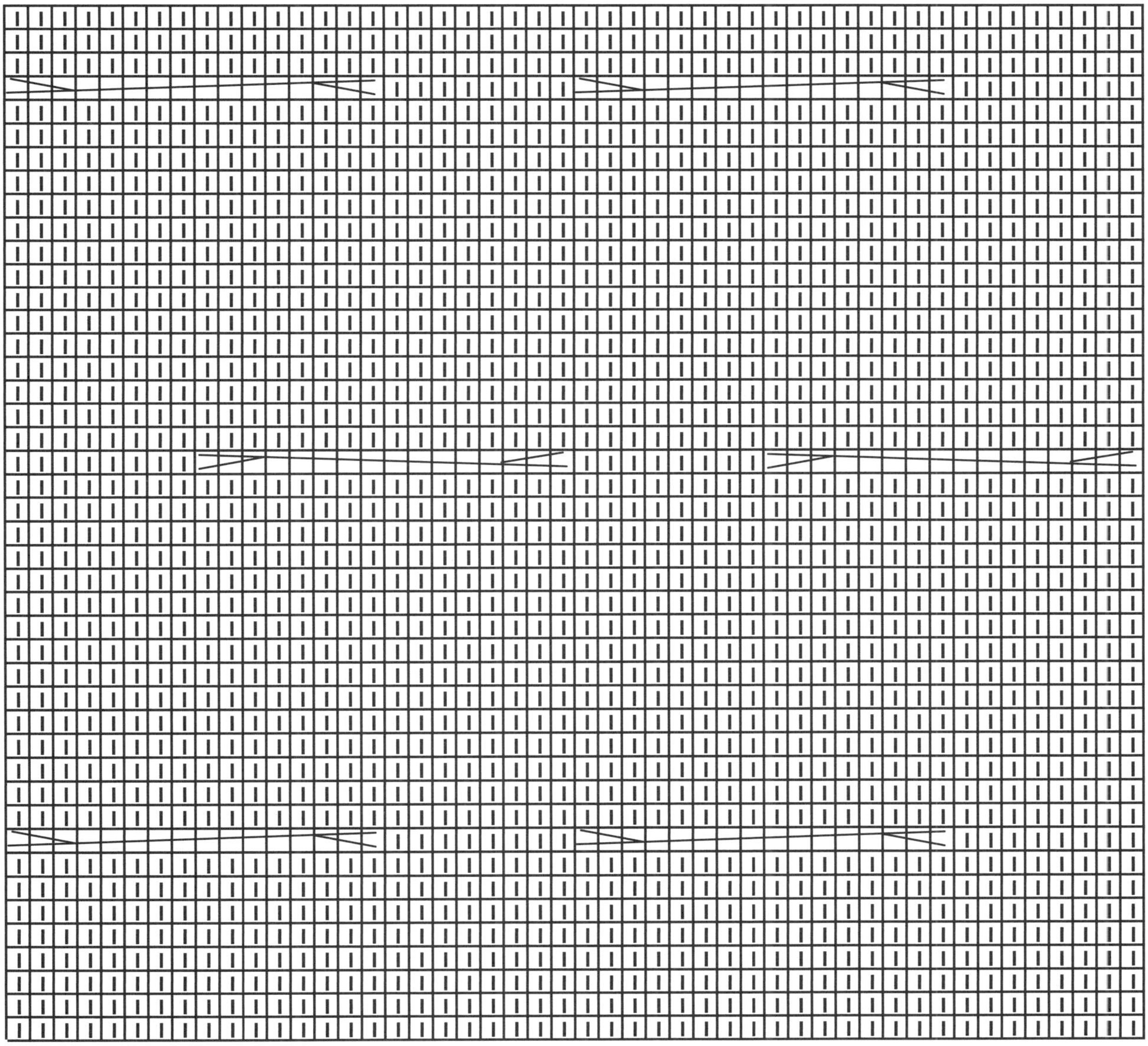

辫子麻花针

11 蜜宠时尚围巾

材　　料： 278规格纯毛粗线

用　　量： 500克

工　　具： 6号针

尺　　寸： 围巾长100厘米、宽26厘米

平均密度： 边长10厘米方块= 20针 × 25行

编织简述：

按花纹织一条长围巾，对头缝合后形成多用的披肩。

编织步骤：

❶ 用6号针起52针，按排花往返织50厘米。

❷ 不换针改织50厘米绵羊圈圈针后平收，并与起针处缝合。

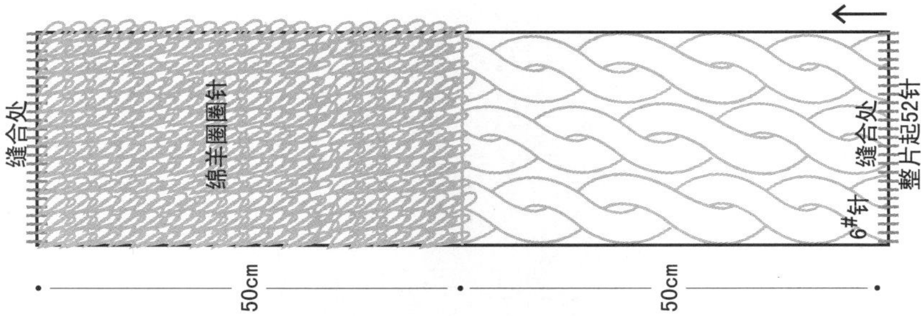

长围巾排花：

16	2	16	2	16
麻花针	反针	麻花针	反针	麻花针

小提示：
注意绵羊圈圈针长度在3厘米左右。

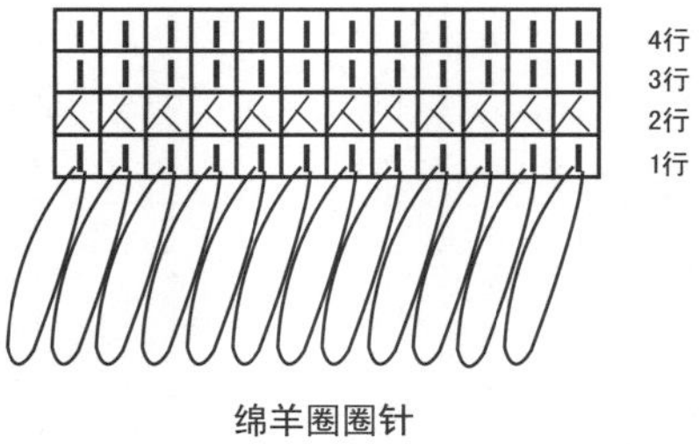

绵羊圈圈针

第一行：右食指绕双线织正针，然后把线套绕到正面，按此方法织第2针。
第二行：由于是双线所以2针并1针织正针。
第三、四行：织正针，并拉紧线套。
第五行以后重复第一到第四行。

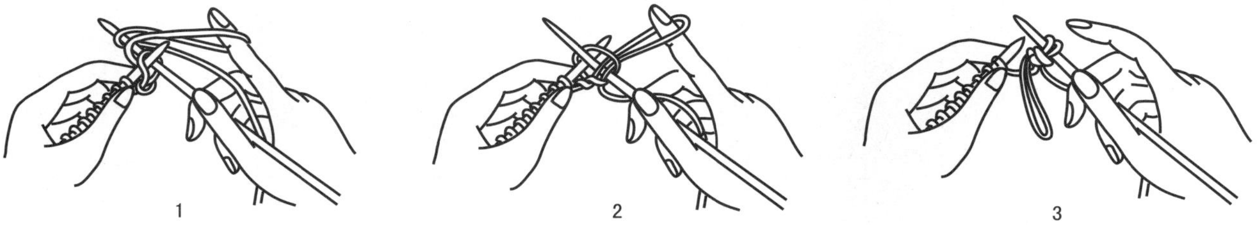

绵羊圈圈针

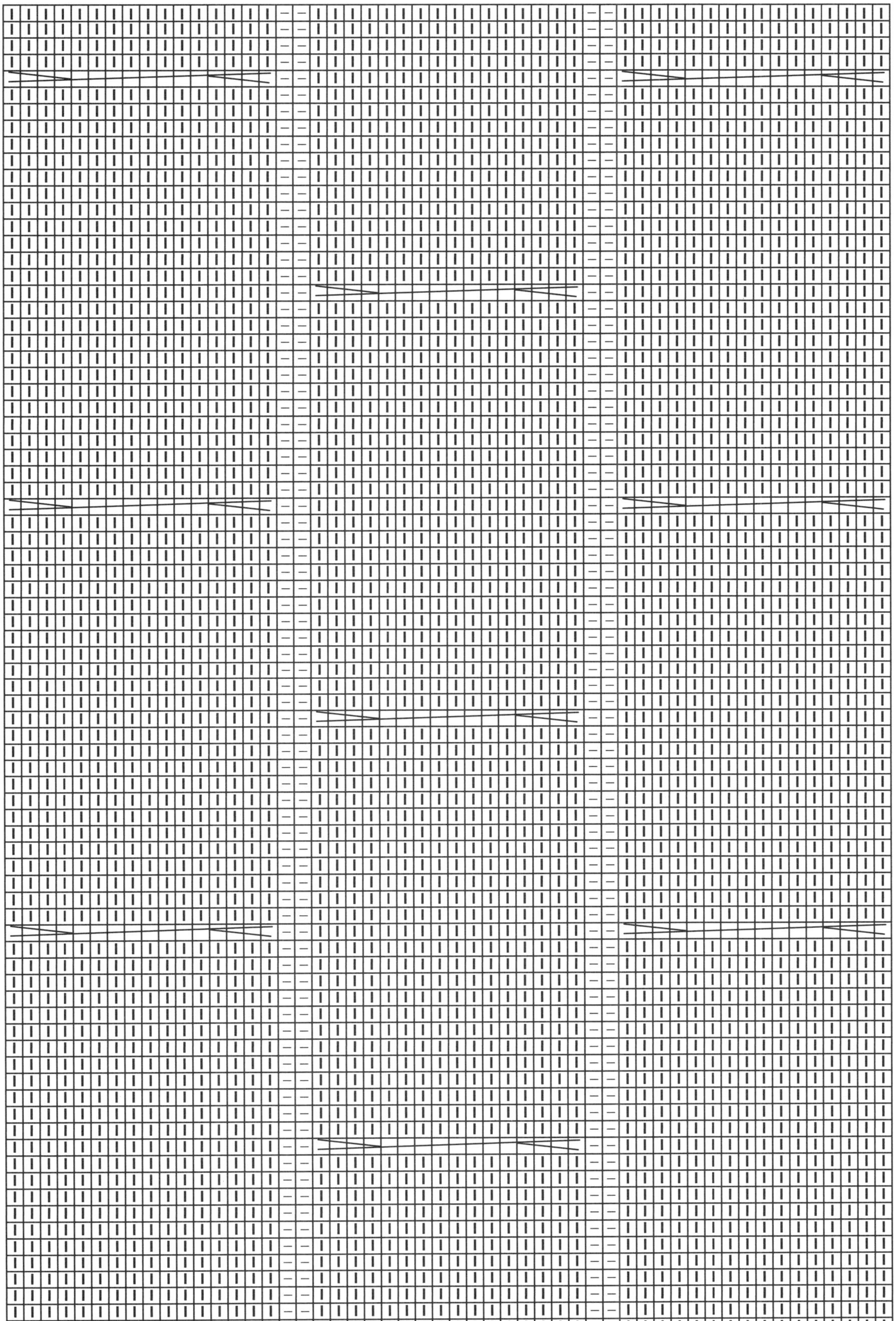

长围巾排花

绞花流苏马甲

材料:	275规格纯毛粗线
用量:	350克
工具:	6号针
尺寸:	衣长40厘米、胸围75厘米、肩宽30厘米
平均密度:	边长10厘米方块 = 24针 × 224行

编织简述:

按图织一个不规则的凹形，分别在两肋缝合后形成背心，另线起针织一条长围巾，将其侧面与背心缝合形成领子和门襟。

编织步骤:

❶ 用6号针起72针，往返织40厘米辫子麻花针。

❷ 取正中24针平收，左右各24针分别向上织40厘米后收平边形成左右前片。

❸ 按相同字母缝合两肋形成背心。

❹ 另线起31针按排花织一条长围巾并系好流苏，与背心的领部缝合。

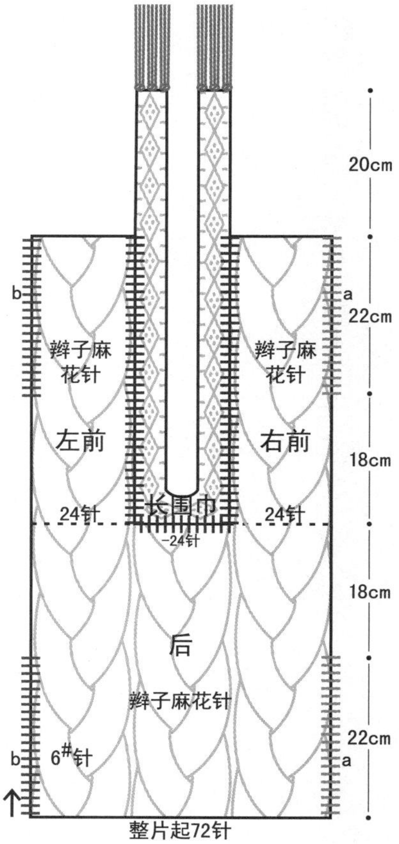

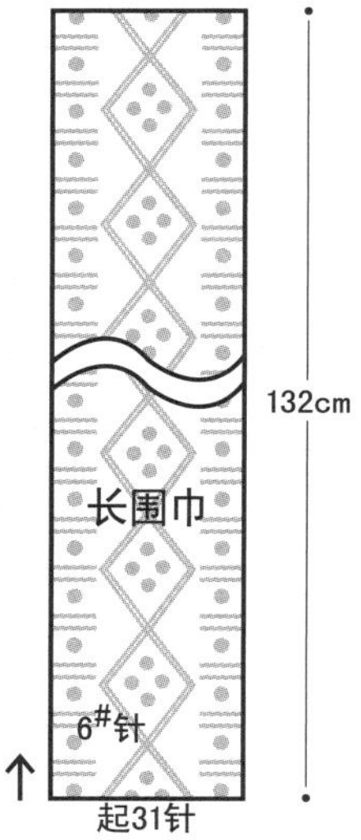

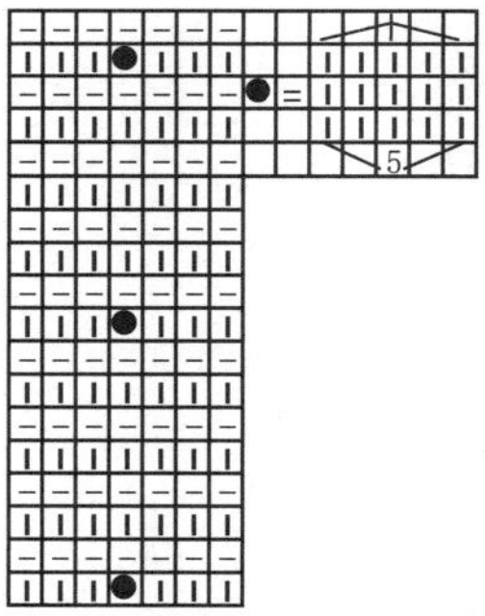

锁链球球针

长围巾排花:

7	1	15	1	7
锁链球球针	反针	四季豆菱形针	反针	锁链球球针

小提示:

围巾与背心缝合时，注意两端各20厘米是不缝的。

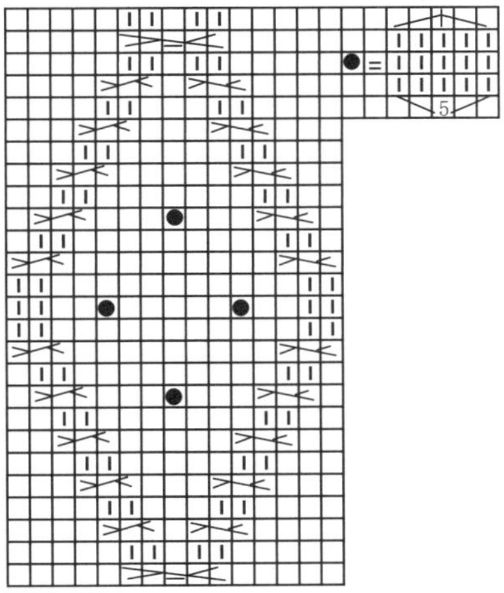

四季豆菱形针

系流苏方法

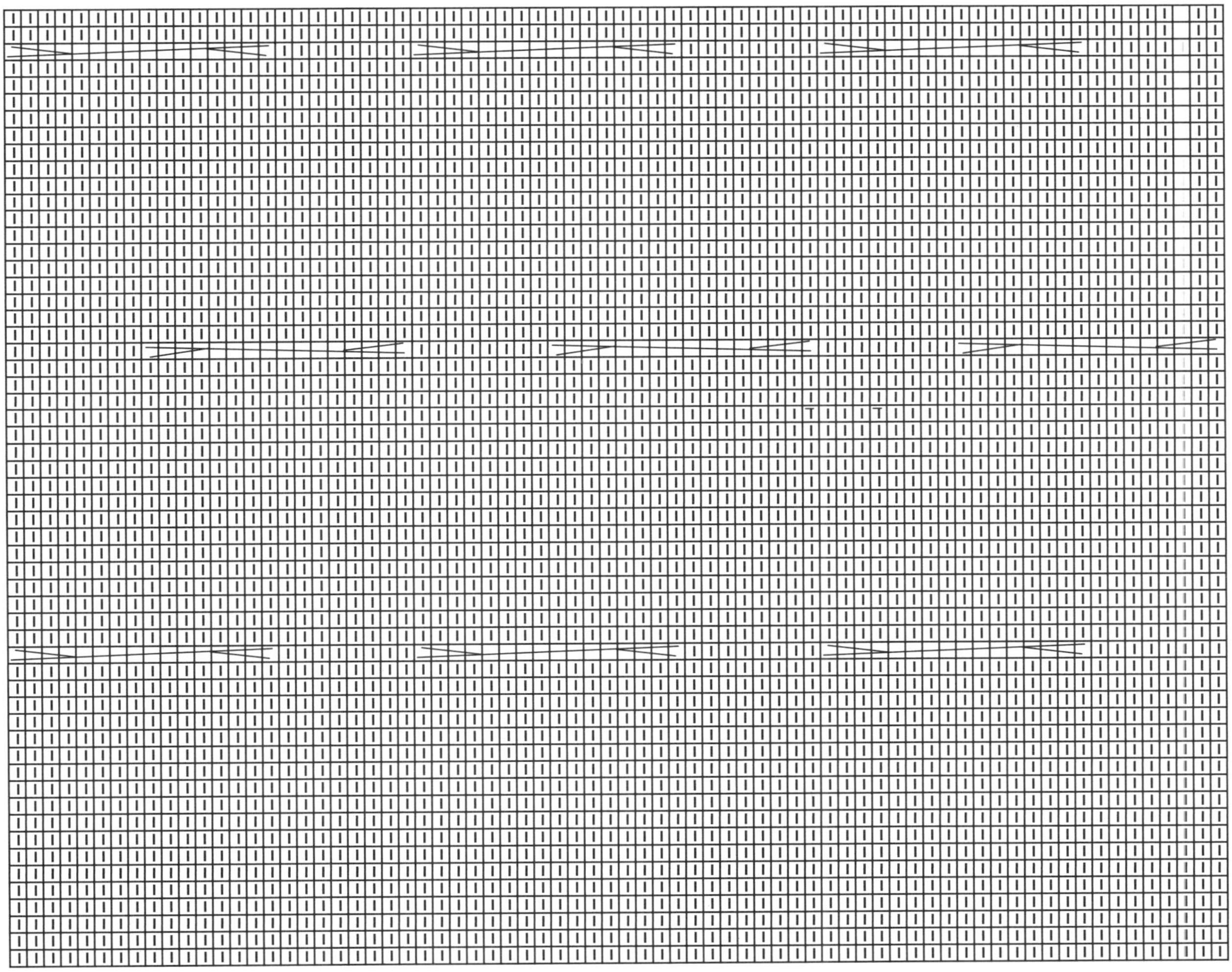

辫子麻花针

14 圆蚌披肩

材料:	273规格纯毛粗线
用量:	450克
工具:	6号针、8号针
尺寸:	以实物为准
平均密度:	边长10厘米方块 = 20针 × 25行

编织简述:

按花纹织两个圆柱体，在起针处缝合形成后背，最后分别挑织立领和下摆。

编织步骤:

❶ 用6号针起180针，环形织17厘米单波浪凤尾针。

❷ 换8号针统一减至100针*，环形织5厘米拧针单罗纹后收针形成圆柱体。

❸ 共织两个相同大小的圆柱体，相对后，在起针一侧缝合20厘米。

❹ 分别从上、下沿挑出123针用8号针往返织10厘米形成立领和下摆。

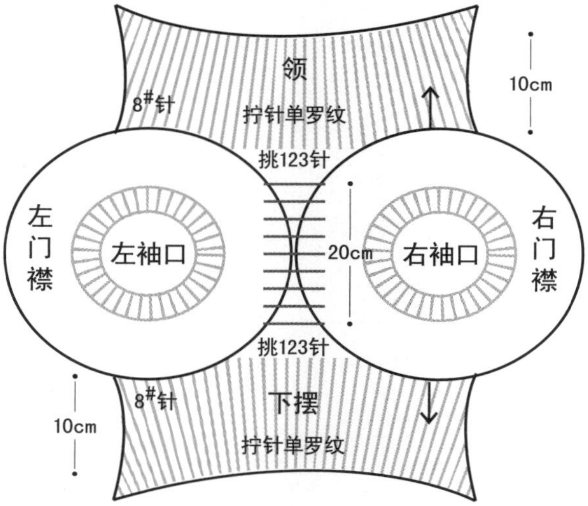

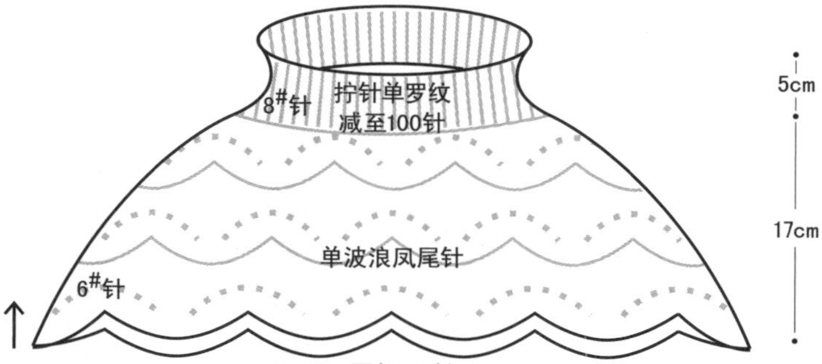

小提示: 缝合两个圆柱体时注意松紧适中，以保持整体平展。

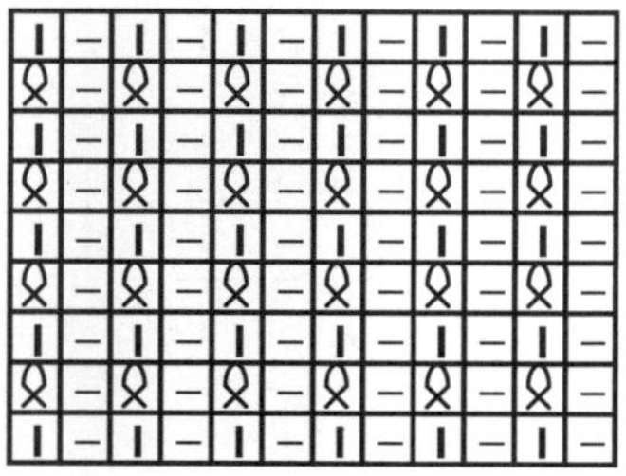

拧针单罗纹

* 统一减针是指一次性减针。

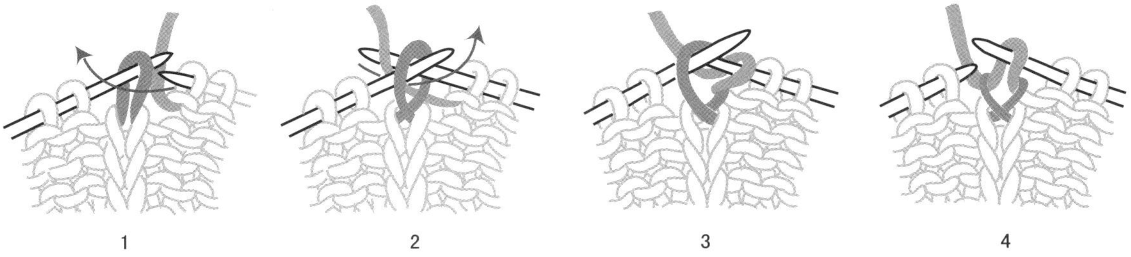

拧针方法

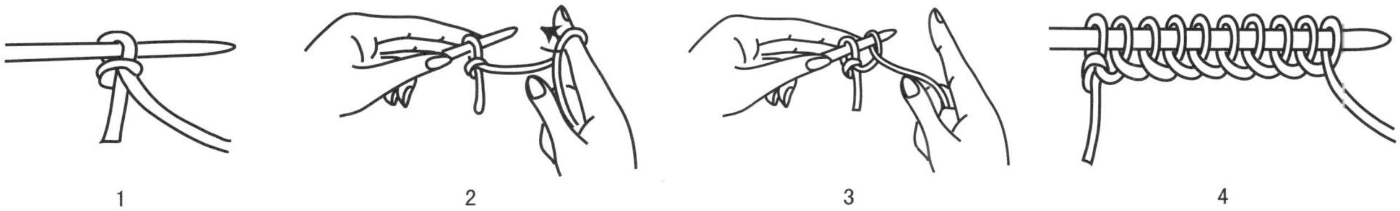

绕线起针法

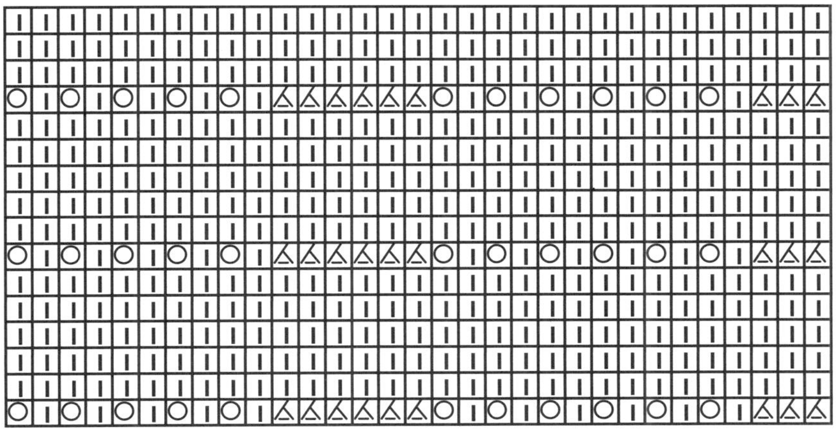

单波浪凤尾针

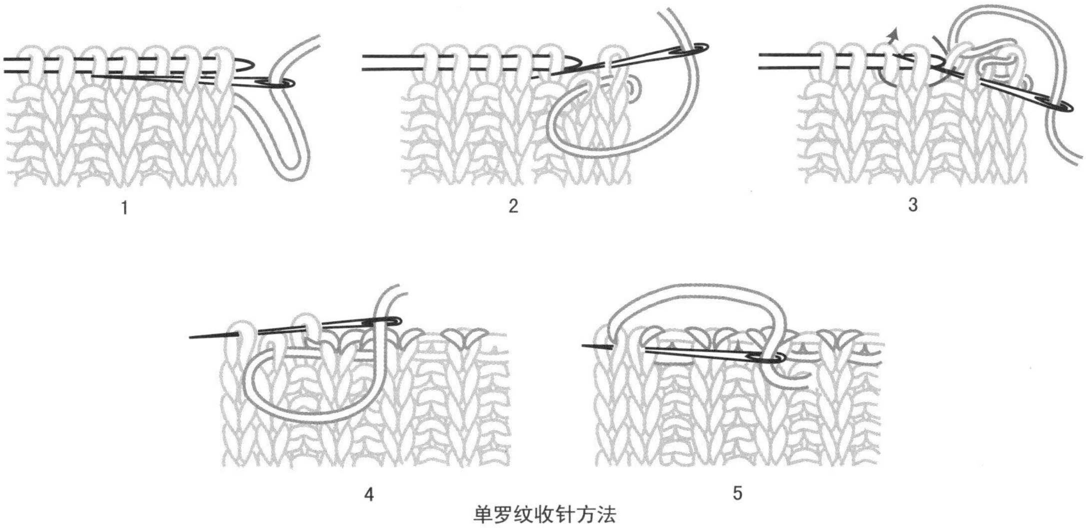

单罗纹收针方法

16 收腰裙式美衣

材　　料： 273规格纯毛粗线

用　　量： 550克

工　　具： 6号针、8号针

尺　　寸： 衣长52厘米、袖长53厘米、胸围71厘米、肩宽25厘米

平均密度： 边长10厘米方块 = 19针 × 25行

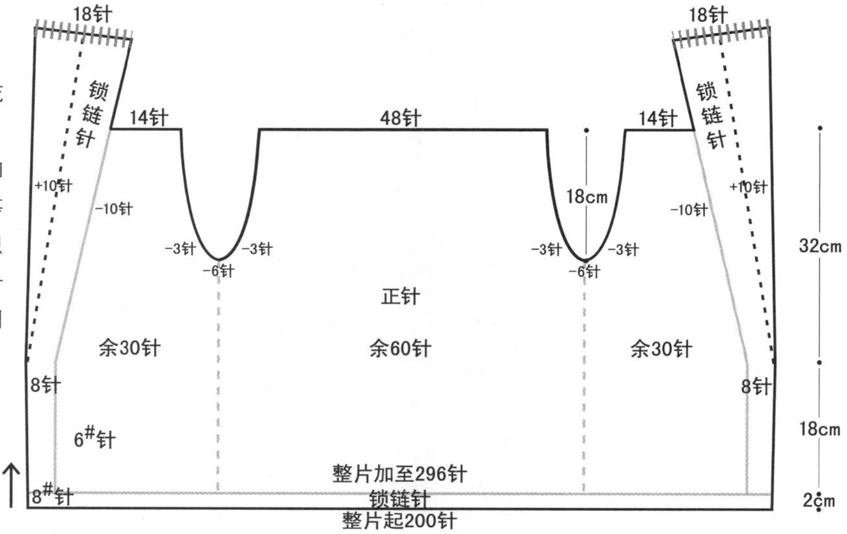

编织简述：

从下摆起大量针往返向上织大片，按花纹规律减针后，余针向上直织；领口减针时，在门襟的内侧压减，同时在门襟边规律加针；减袖窿后，向上织相应长度，前后肩头等高时缝合，领边的针目不缝，依然向上直织至后脖正中时对头缝合形成领子。袖口起针后环形向上织，统一减针然后再加针形成喇叭袖效果，同时在袖腋处规律加针至腋下，减袖山后余针平收，与正身整齐缝合。

编织步骤：

❶ 用8号针起200针，往返织2厘米锁链针。

❷ 换6号针统一加至296针*按排花向上往返18厘米后，由于花纹特点，此时整片余136针。

❸ 余针的针目左右各8针锁链针不变，中间的120针织正针。同时在8锁链针的内侧隔1行减1针减10次，在8锁链针的外边沿隔3行加1针加10次，加出针同样织锁链针。

❹ 总长至34厘米时减袖窿：①平收腋正中6针，②隔1行减1针减3次。前后肩头缝合后，领边的18针锁链针不缝，依然向上直织，至后脖正中时对头缝合形成领子。

❺ 袖口用6号针起50针，环形织6厘米宽锁链针后，换8号针统一减至28针后环形织4厘米拧针单罗纹，然后再统一加至40针换6号针改织正针，同时在袖腋处隔17行加1次针，每次加2针，共加4次。总长至42厘米时减袖山：①平收腋正中6针，②隔1行减1针减13次。余针平收，与正身整齐缝合。

* 统一加针是指一次性加针。

小提示：

编织下摆的锥形花纹时注意，在两麻花的内侧隔1行减1针，将正中的锁链针全部减掉后，余下的织正针。

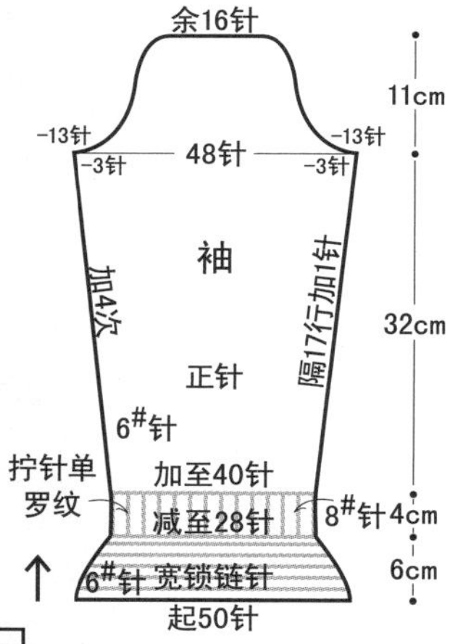

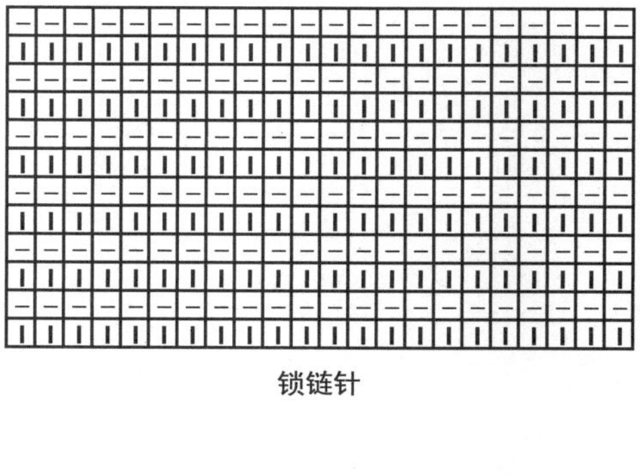

锁链针

整体排花：

8	9	6	40	6	18	6	40	6	18	6	40	6	18	6	40	6	9	8
锁链针	正针	麻花针	锁链针	麻花针	正针	麻花针	锁链针	麻花针	正针	麻花针	锁链针	麻花针	正针	麻花针	锁链针	麻花针	正针	锁链针

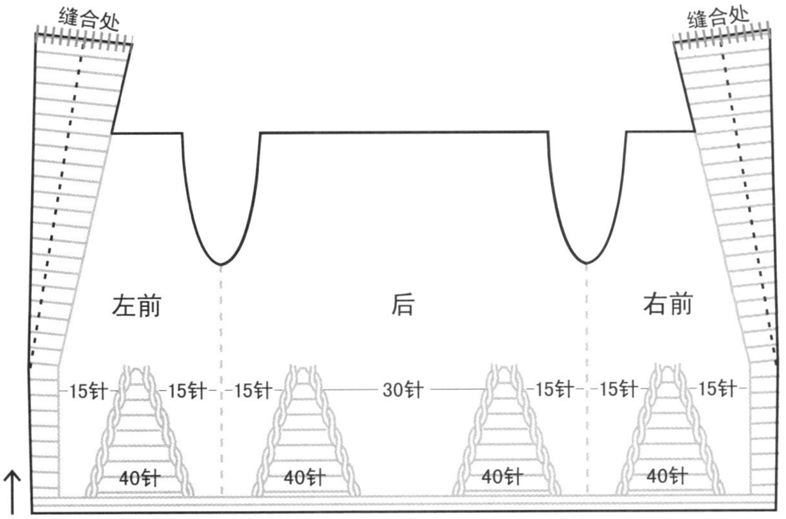

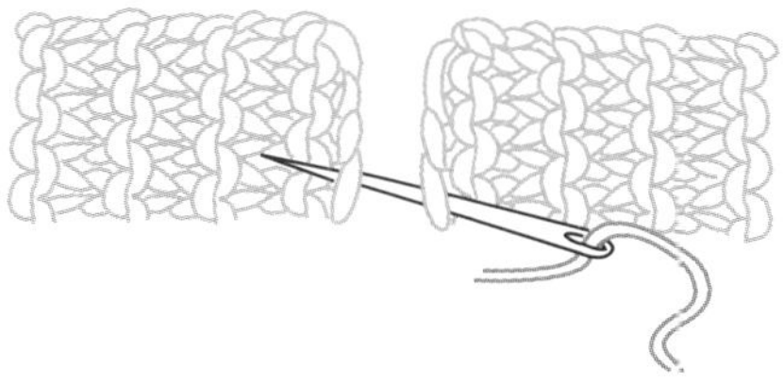

锁链针对头缝合方法

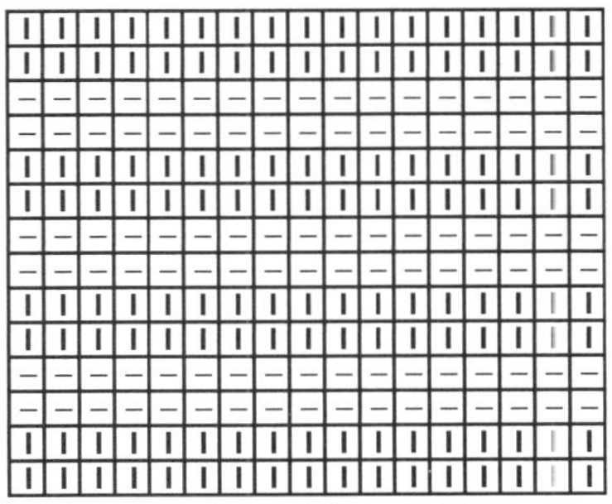

宽锁链针

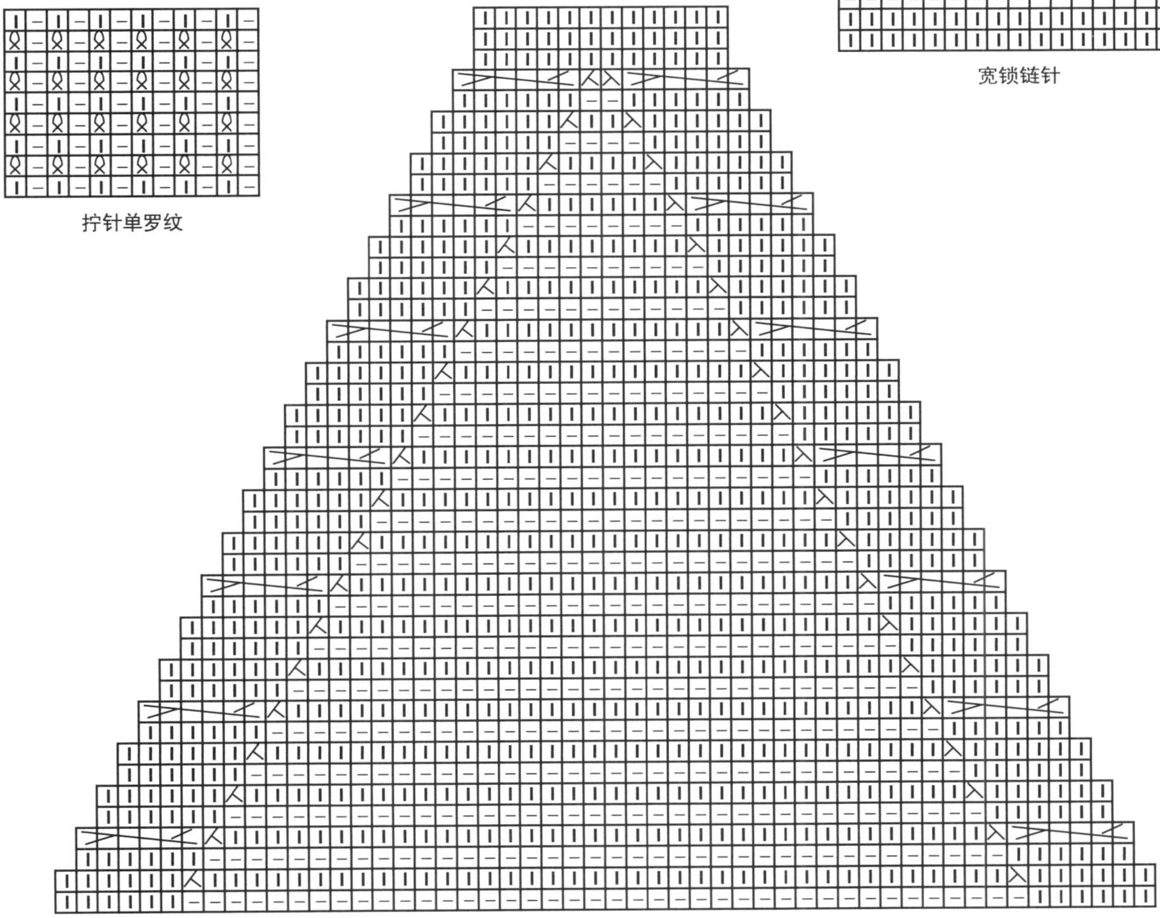

拧针单罗纹

锥形花纹

17 可爱的球球马甲

材　　料： 273规格纯毛粗线

用　　量： 350克

工　　具： 6号针

尺　　寸： 以实物为准

平均密度： 边长10厘米方块 = 19针 × 25行

编织简述：

按图织两个对称的长围巾，依然按相同字母缝合后形成小马甲。

编织步骤：

❶ 用6号针起30针按排花往返织长围巾，至80厘米时，取右侧10针平收，余下的20针依然向上织8厘米后收针。

❷ 再织一条长围巾，注意花纹与第一条围巾对称。

❸ 按图将两条围巾缝合20厘米后，再按相同字母缝合形成小马甲。

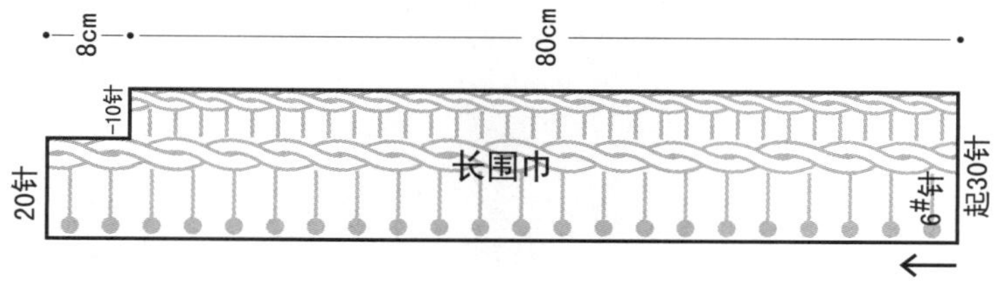

小提示： 两条围巾花纹相同，但排列不同，编织时注意两条围巾对称。

围巾一排花：

14	6	6	4
单排扣花纹	麻花针	宽锁链针	麻花针

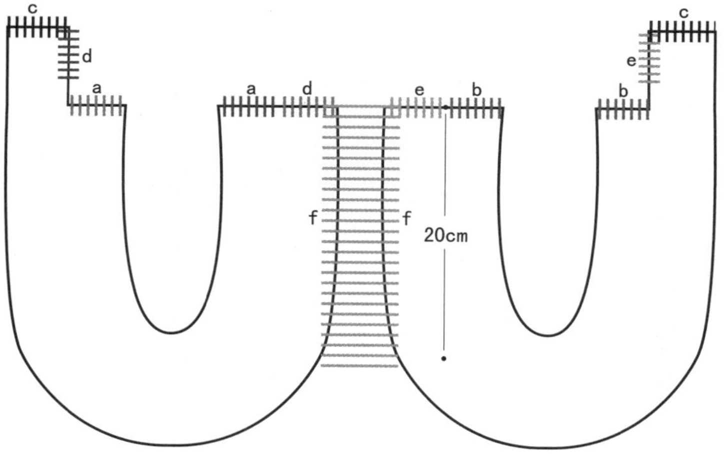

围巾二排花：

4	6	6	14
麻花针	宽锁链针	麻花针	单排扣花纹

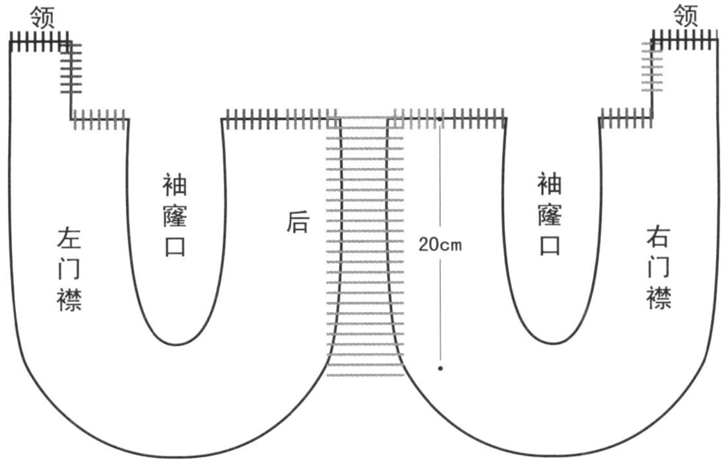

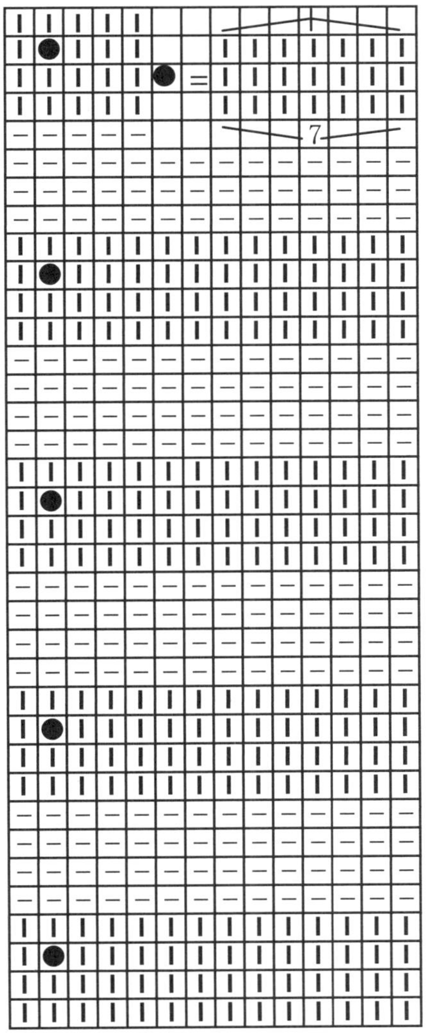

单排扣花纹

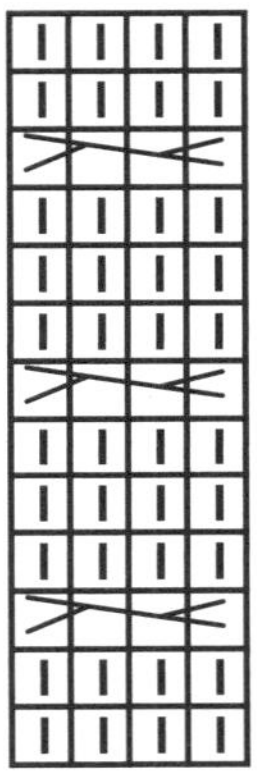

4麻花针

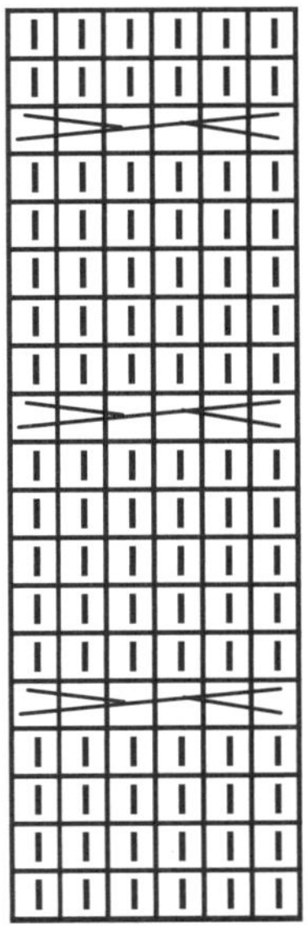

6麻花针

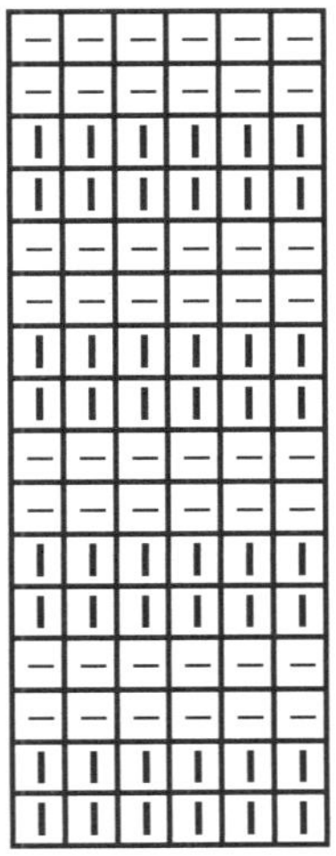

宽锁链针

18 锯齿领边连衣裙

材　　料： 273规格纯毛粗线

用　　量： 500克

工　　具： 6号针

尺　　寸： 裙长73厘米、胸围69厘米、肩宽30厘米

平均密度： 边长10厘米方块 = 19针 × 25行

编织简述：

从裙下摆起针后环形向上织，至腰部后统一减针形成收腰效果，至腋下后减袖窿，领口后减针；另线起针织领边，最后与领口处缝合。

编织步骤：

❶ 用6号针起240针，环形织20厘米对称树叶花。

❷ 统一减至132针，环形织5厘米菠萝针。

❸ 按正身排花环形向上织28厘米后减袖窿：①平收腋正中8针，②余针按前、后片排花向上往返织。

❹ 距后脖8厘米时减领口：①平收领正中12针，②隔1行减3针减1次，③隔1行减2针减1次，④隔1行减1针减1次，余针向上直织并缝合前后肩头。另线起5针往返织60厘米锯齿锁链针后对头缝合，然后将平边一侧与领口处缝合。

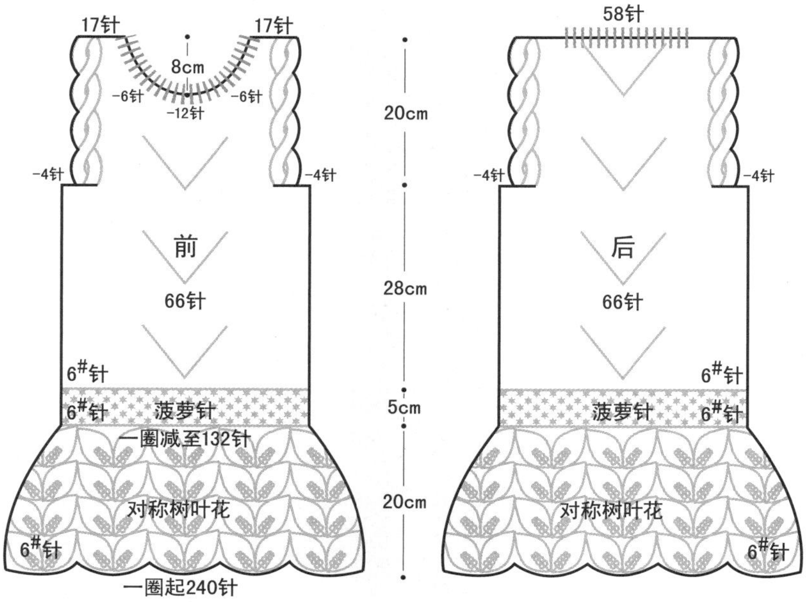

前后片排花：

8	1	5	1	28	1	5	1	8
麻花针	反针	正针	反针	V形花纹	反针	正针	反针	麻花针

小提示：
领边另线起针织，对头缝合后，再将平边一侧与领口处缝合，缝合时注意手法不可过紧，否则影响穿脱。

领边：

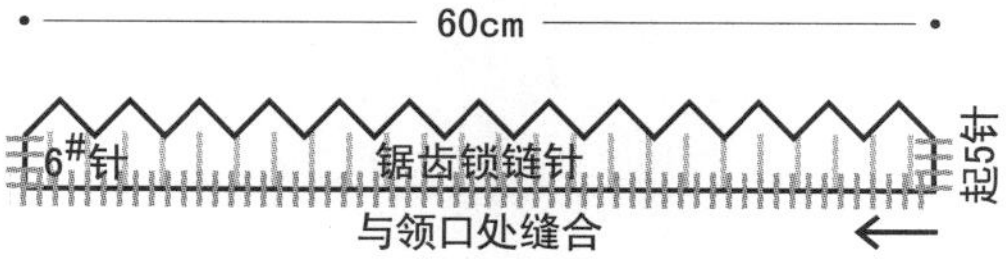

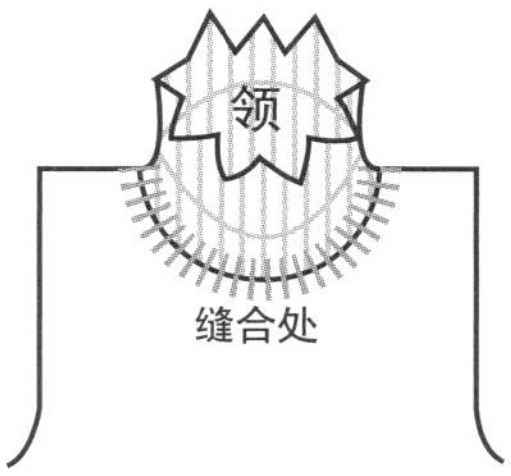

正身排花：

	1 反针	28 V形花纹	1 反针	
36 正针				36 正针
	1 反针	28 V形花纹	1 反针	

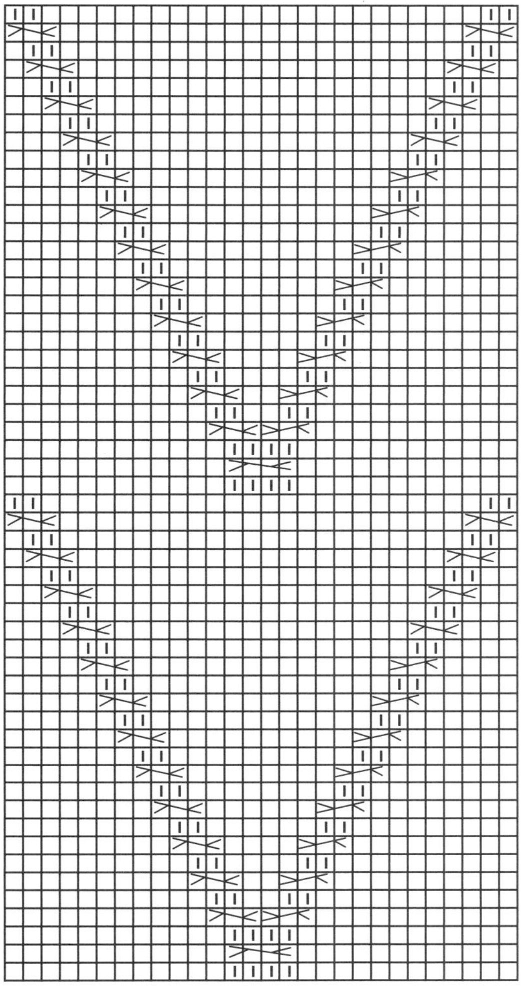

V形花纹

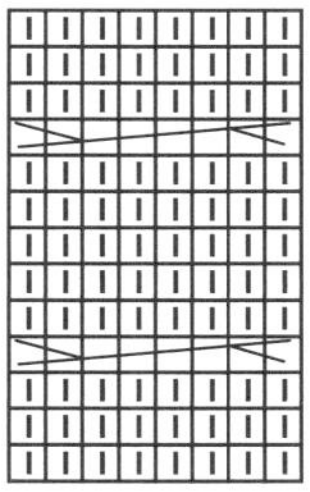

麻花针

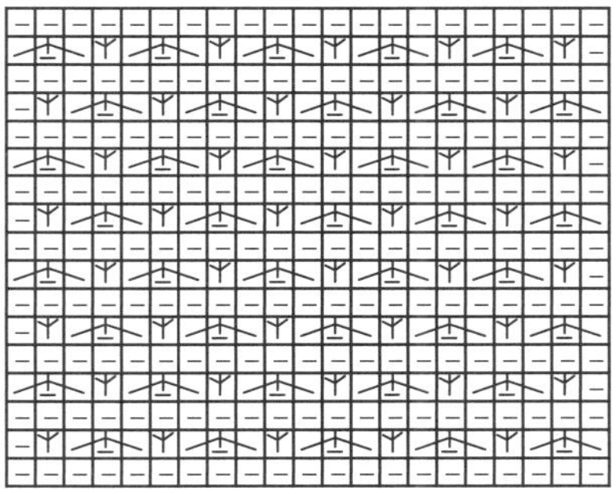

菠萝针

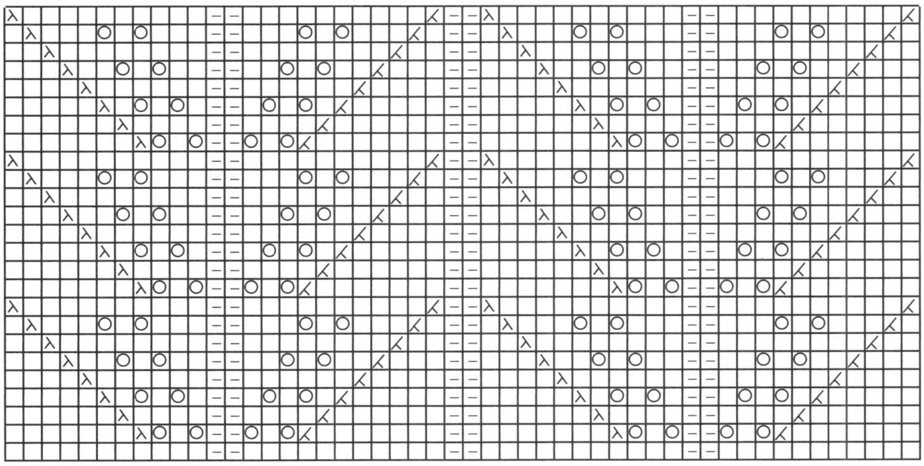

对称树叶花

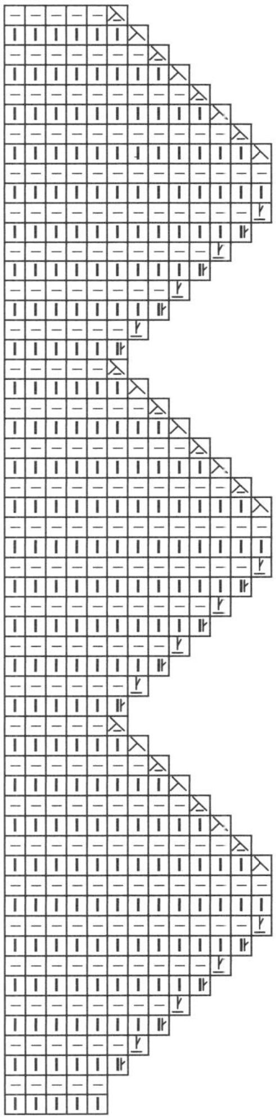

锯齿锁链针

19 V领束腰上衣

材　　料： 278规格纯毛粗线

用　　量： 550克

工　　具： 6号针、8号针、9号针

尺　　寸： 衣长62厘米、袖长56厘米、胸围71厘米、肩宽27厘米

平均密度： 边长10厘米方块 = 19针 × 25行

编织简述：

从下摆起针后环形向上织，统一减针后形成收腰效果，先减V形领口后减袖窿，前后肩头缝合后挑织领子；袖口起针后环形向上织，同时在袖腋处规律加针至腋下，减袖山后余针平收，与正身整齐缝合。

编织步骤：

❶ 用6号针起208针，按排花环形向上织15厘米。

❷ 统一减至136针后换8号针改织5厘米拧针单罗纹后，再换6号针改织21厘米正针。

❸ 总长至41厘米时减领口：①将前片左右均分，在每片边沿隔1行减1针减19次，②余针向上直织。

❹ 总长至44厘米时减袖窿：①平收腋正中8针，②隔1行减1针减4次。前后肩头缝合后，从领口处挑出120针，用9号针环形织2厘米拧针单罗纹后收机械边形成V领。

❺ 袖口用8号针起40针，环形织15厘米拧针单罗纹后，换6号针改织20厘米正针后再改织宽锁链针，同时在袖腋处隔9行加1次针，每次加2针，共加7次。总长至44厘米时减袖山：①平收腋正中5针，②隔1行减1针减13次。余针平收，与正身缝合。

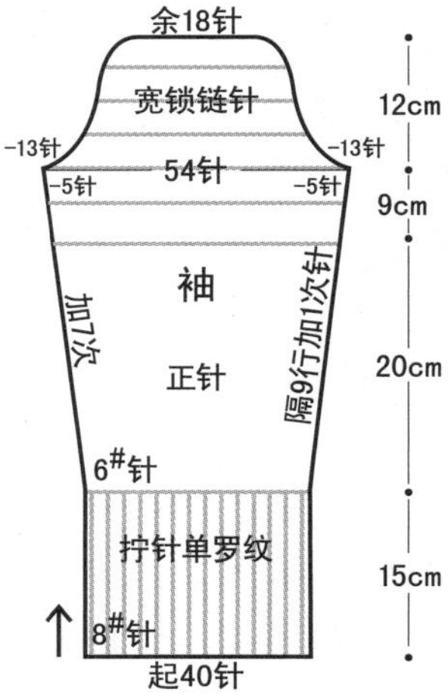

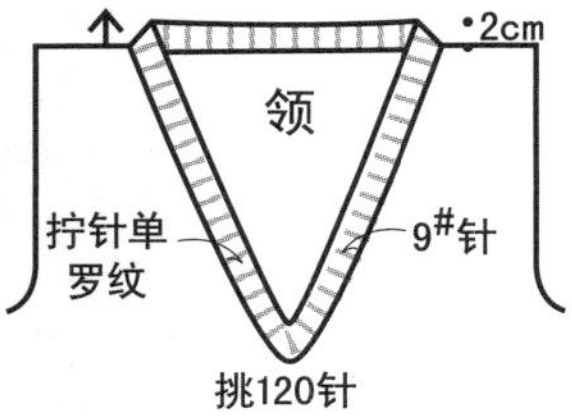

裙摆排花：

	1	13	1	11	1	13	1	11	1	13	1	11	1	13	1	
	反针	宽锁链球球针	反针	星星针	反针	宽锁链球球针	反针	星星针	反针	宽锁链球球针	反针	星星针	反针	宽锁链球球针	反针	
11 星星针																11 星星针
	1	13	1	11	1	13	1	11	1	13	1	11	1	13	1	
	反针	宽锁链球球针	反针	星星针	反针	宽锁链球球针	反针	星星针	反针	宽锁链球球针	反针	星星针	反针	宽锁链球球针	反针	

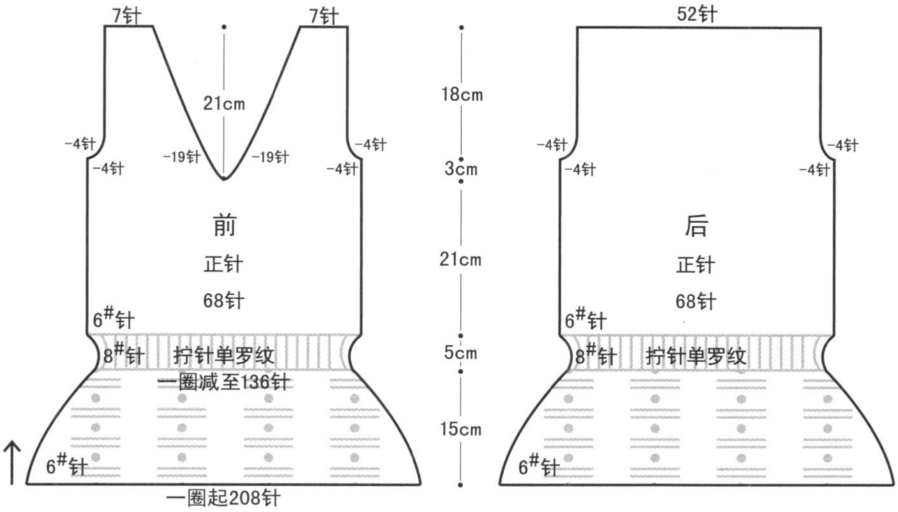

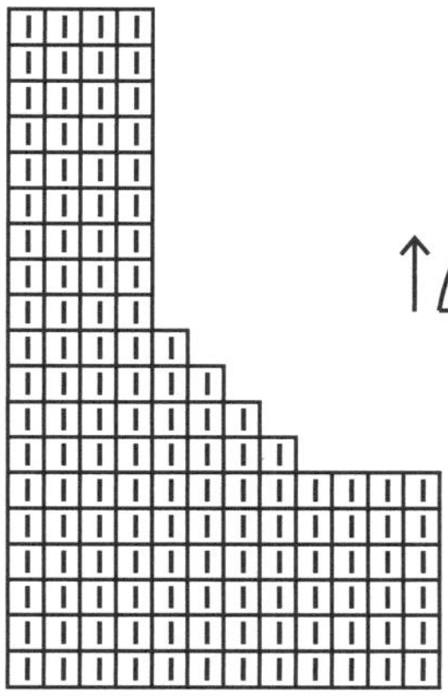

袖窿减针方法

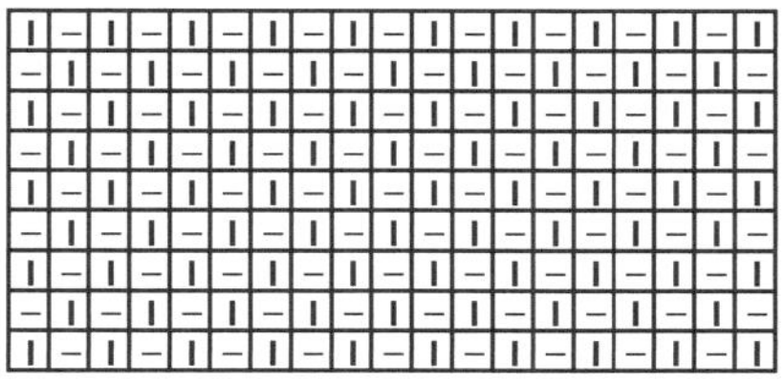

星星针

小提示:

V领完成后注意略紧收针,以保持领部紧致有型。

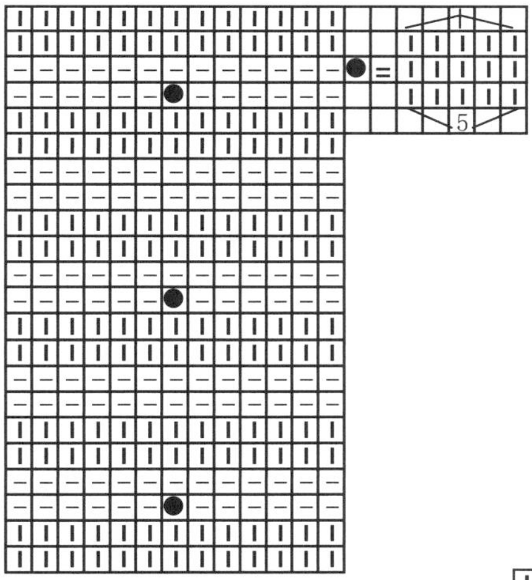

宽锁链球球针

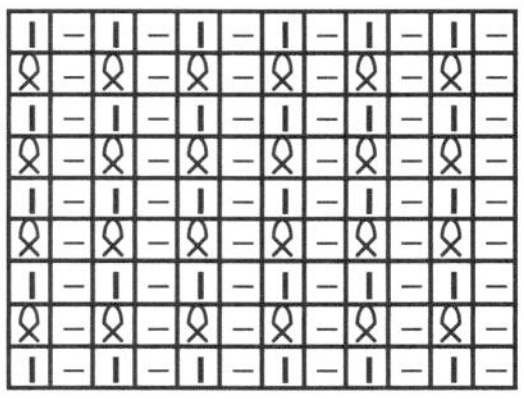

拧针单罗纹

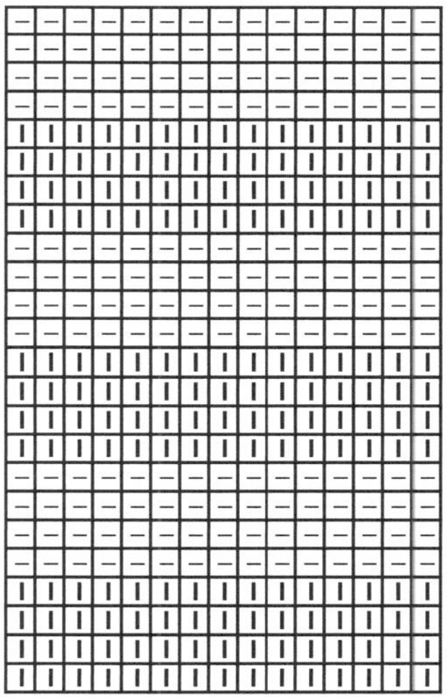

宽锁链针

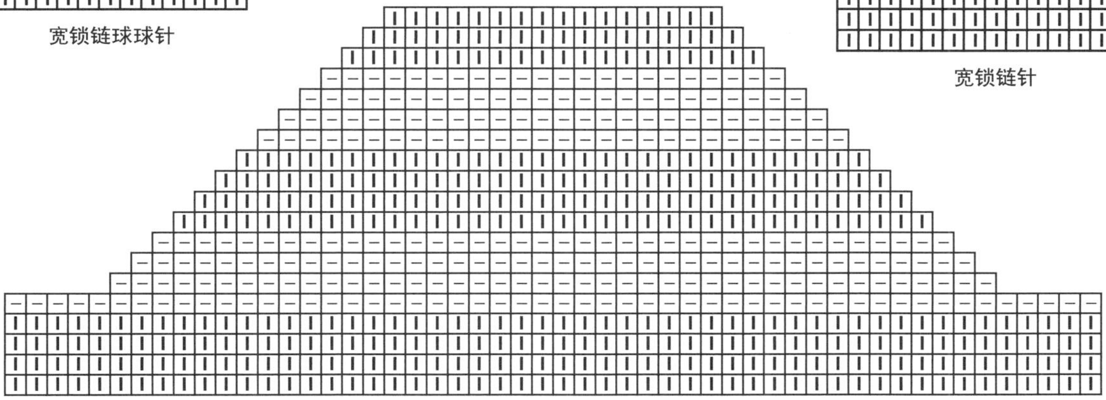

袖山减针方法

梯形小披肩

材　　料:	273规格纯毛粗线
用　　量:	300克
工　　具:	6号针、8号针
尺　　寸:	以实物为准
平均密度:	边长10厘米方块 = 19针 × 25行

编织简述:

按图织一个不规则的梯形，依照相同字母缝合两肋后，再挑织领子和短袖边。

编织步骤:

1. 用8号针起66针，往返织1厘米拧针单罗纹。
2. 换6号针改织正针，同时在66针的两侧隔1行加1针，共加43次。
3. 总长至36厘米后，整片共152针，取正中的26针平收，此时分两片向上织，两侧改为行行加针，共加30次。
4. 总长至48厘米时收针，左右片各93针。
5. 将梯形内折，按相同字母缝合两肋。
6. 用8号针从领口挑出80针往返织3厘米星星针后收边形成领子；从两袖窿口挑出60针，环形织3厘米星星针形成短袖。

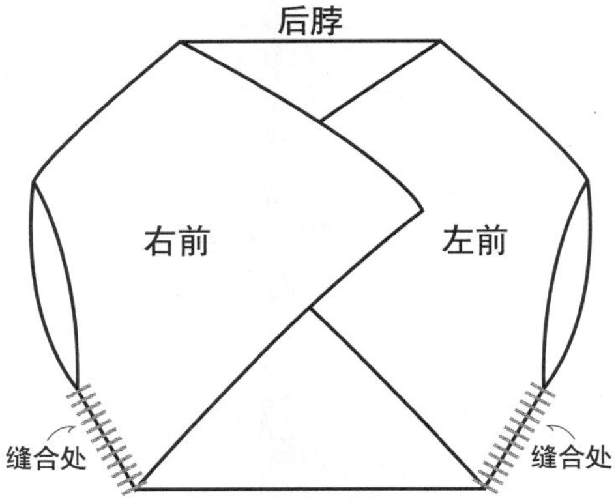

小提示:
注意两侧的加针方法：第一次加针为隔1行加1针，第二次加针为行行加针。

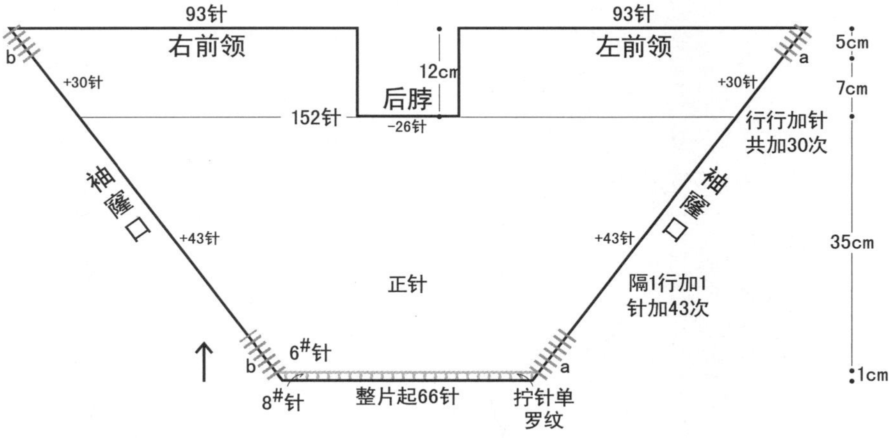

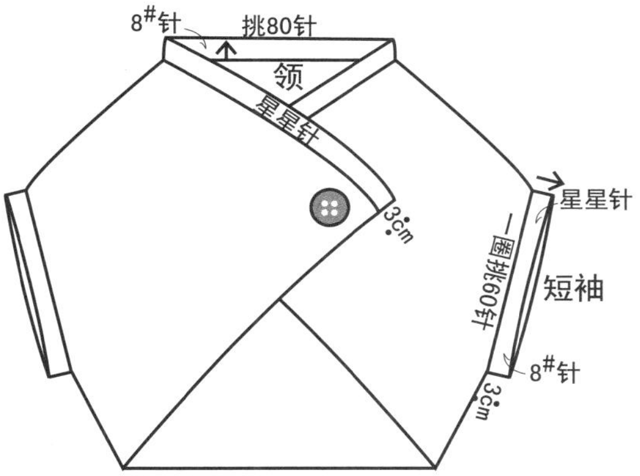

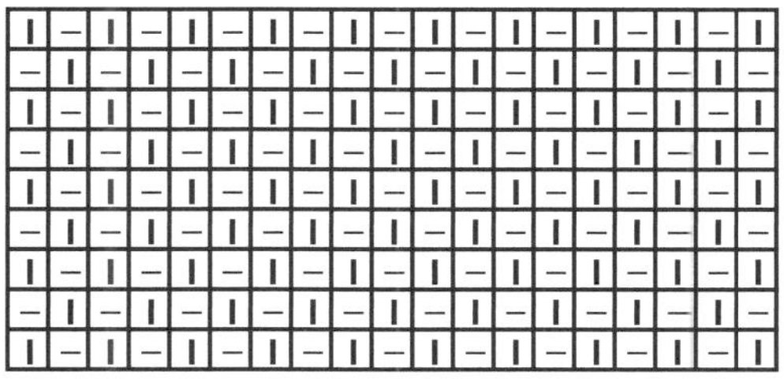

星星针

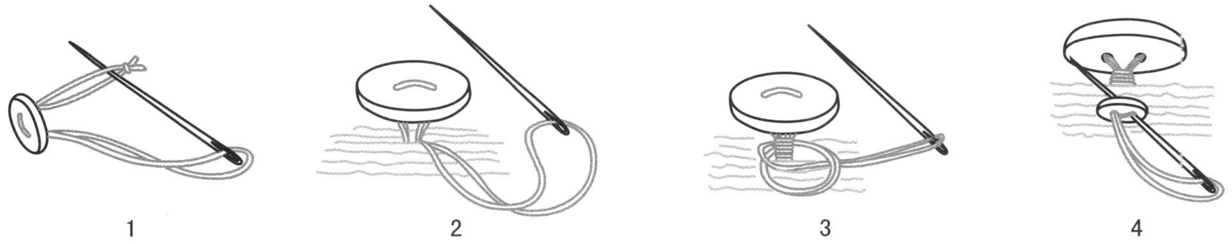

纽扣缝法

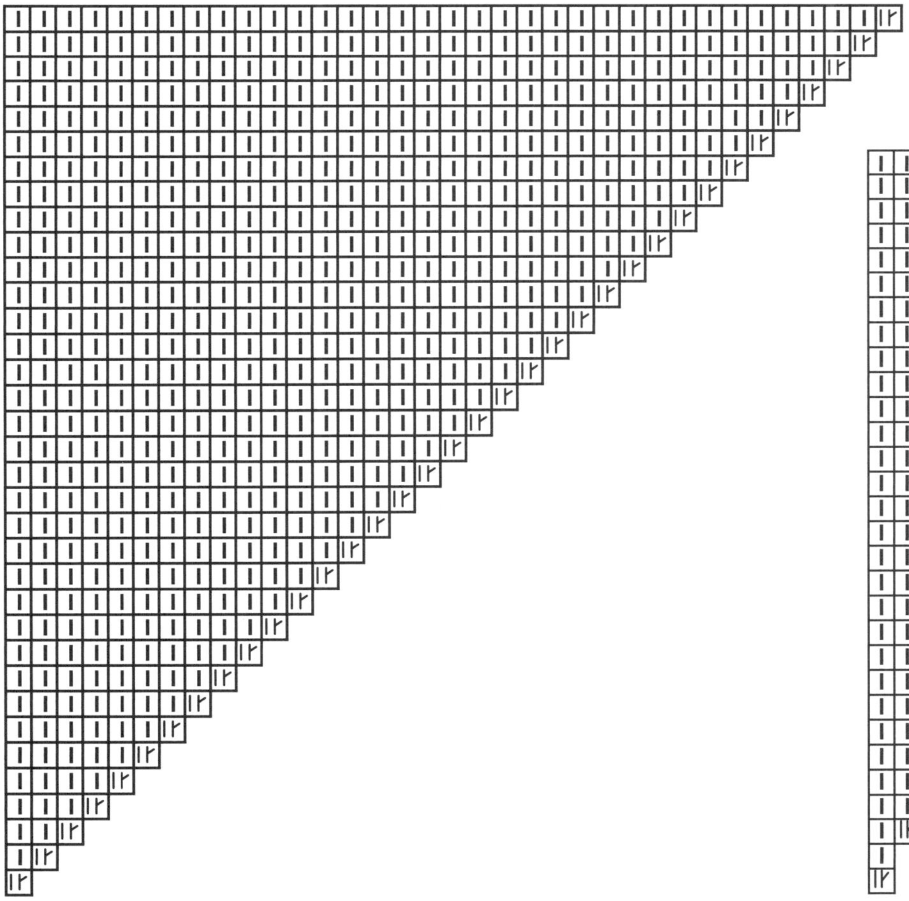

行行加针方法

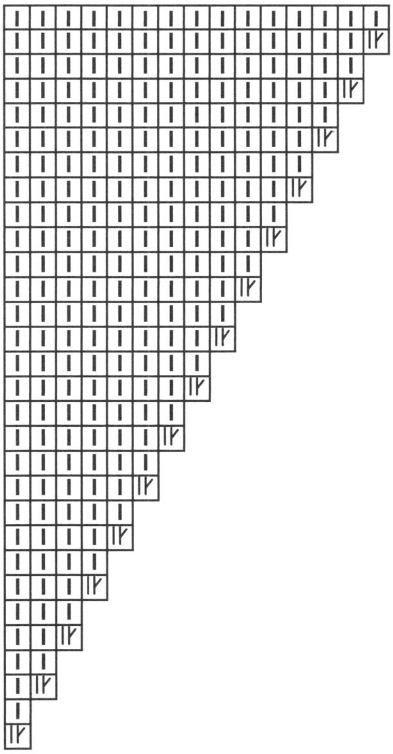

隔1行加针方法

23 拥肩开衫

材　　料： 286规格纯毛粗线

用　　量： 500克

工　　具： 6号针、8号针、3.0钩针

尺　　寸： 衣长57厘米、袖长44厘米（腋下至袖口）、胸围83厘米、肩宽（以实物为准）

平 均 密 度： 边长10厘米方块 = 22针 × 24行

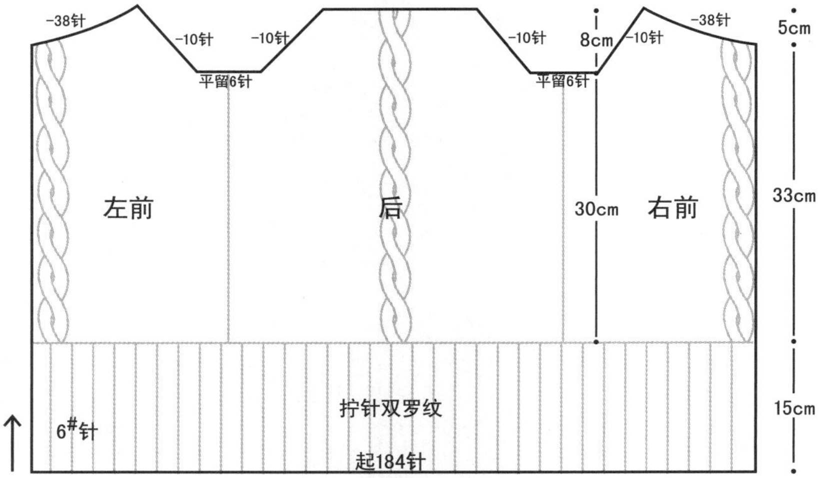

编织简述：

从底边起针整片向上织相应长度，取腋正中位置平收针后，收针处的左右各隔1行减1针减10次，领按规律减针；袖口起针织相应长后改织花纹至腋下，再按正身减针方法减袖腋下；袖与正身缝合后，另线起针织一个长方形片，分别沿正身和袖的边缝整齐缝合后，从长方形的上沿挑针织领子，最后挑针织门襟并钩花边。

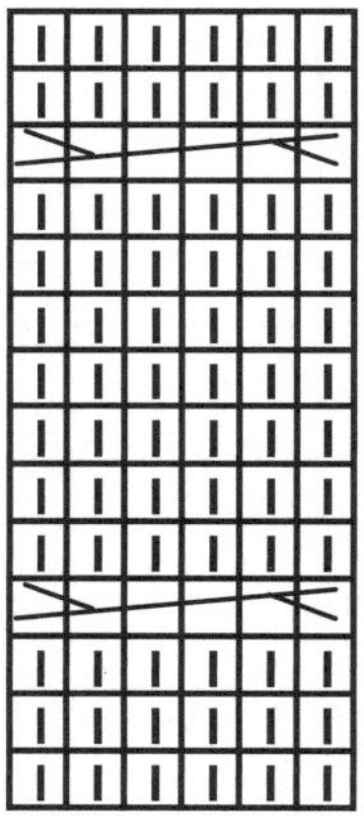

麻花针

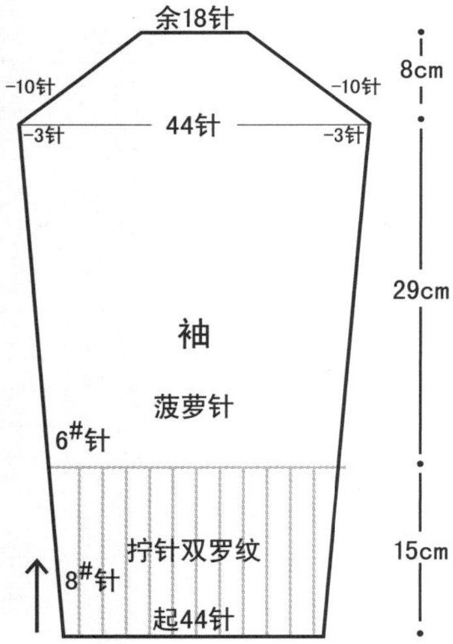

编织步骤：

❶ 用6号针起184针，织15厘米拧针双罗纹，织片。

❷ 按排花织正身，至30厘米处，从腋正中平收6针后，分别在6针的左右隔1行减1针减10次。

❸ 袖窿减3厘米后开始减领口：①平收一侧20针，②隔1行减3针减6次。

❹ 袖口起44针织15厘米拧针双罗纹后，改菠萝针直织，全长至44厘米后平收腋正中6针，在6针的两侧隔1行减1针减10次。余针平收，斜减针部位与正身斜减针部位缝合。

❺ 另线起31针按排花织60厘米领条，从一侧挑88针织10厘米拧针双罗纹收机械边。

❻ 挑门襟时从领端到下摆横挑出所有针目，第2行时统一减至80针后织4厘米拧针双罗纹，收双机械边。

❼ 在右侧门襟边沿用3.0钩针钩一行花边。在左门襟处缝8个扣子。

整体排花：

1	8	5	20	28	20	1	8	1	20	28	20	5	8	1
正针	麻花针	反针	菠萝针	反针	菠萝针	反针	麻花针	反针	菠萝针	反针	菠萝针	反针	麻花针	正针

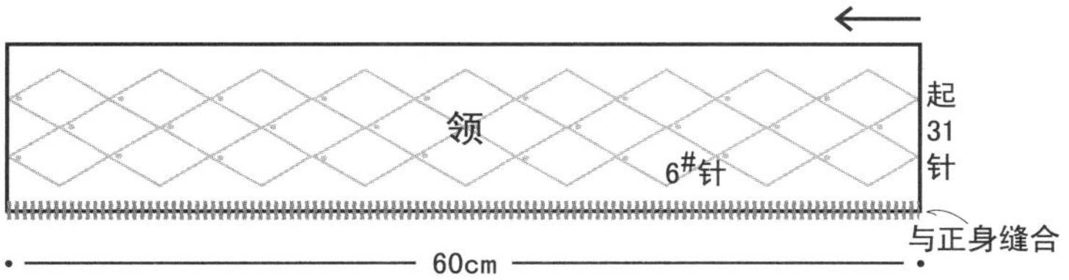

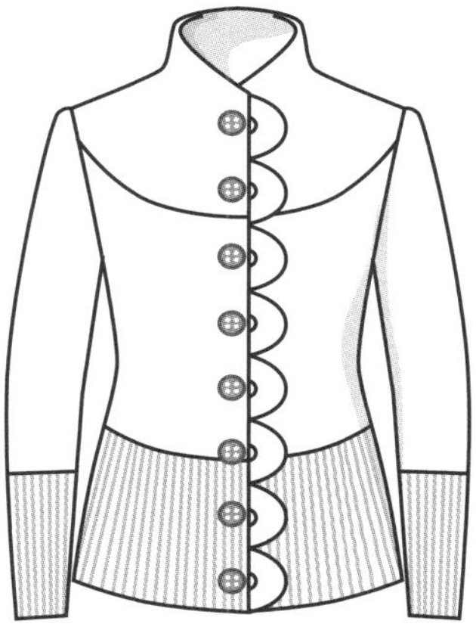

领条排花:

3	1	23	1	3
正针	反针	垒球场针	反针	正针

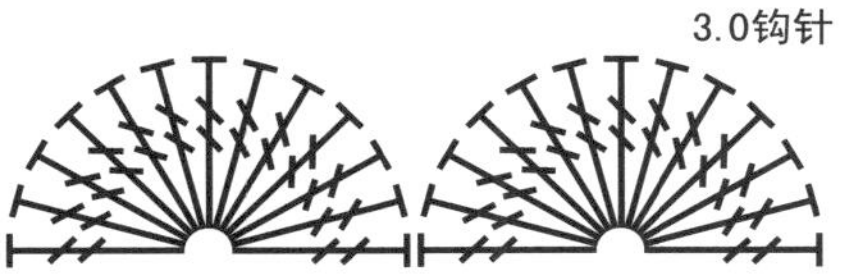

门襟边

小提示:
要按编织顺序织这件衣服，挑门襟和钩花边是最后一个步骤。

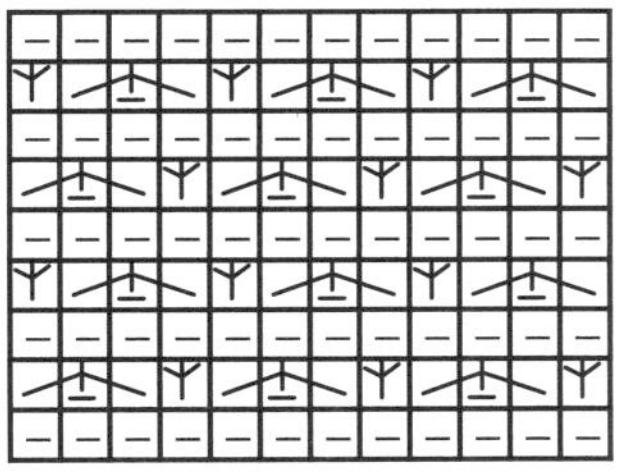
菠萝针

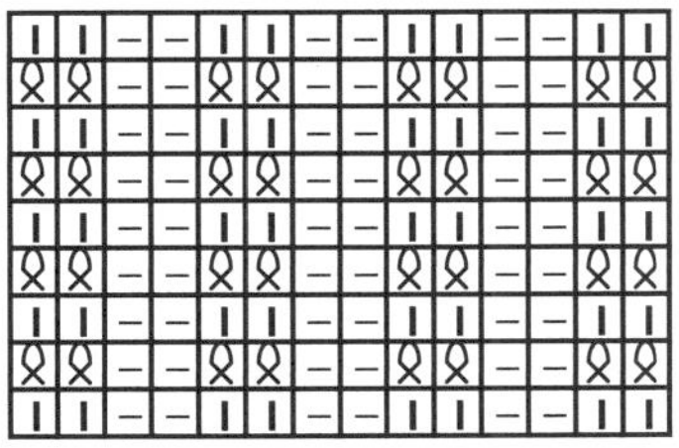
拧针双罗纹

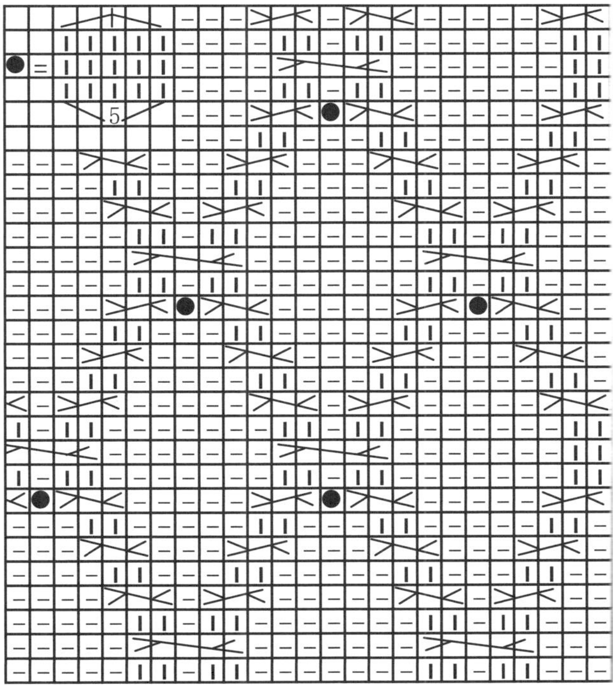
垒球场针

24 中袖收腰开衫

材　　料: 273规格纯毛粗线

用　　量: 550克

工　　具: 6号针、8号针

尺　　寸: 衣长52厘米、袖长32厘米、胸围71厘米、肩宽25厘米

平均密度: 边长10厘米方块= 19针 × 25行

编织简述:

下摆起针后直接按排花和花纹向上织，由于花纹特点部分针目被减掉，余针向上织正身，在门襟的内侧减领口、门襟的外侧加针形成领边。袖窿减针后向上织相应长度后缝合前后肩头，门襟的针目不缝，依然向上直织，至后脖正中时对头缝合形成翻领。另线起针织袖横边，对头缝合后挑针向上环形织袖子，减袖山后余针平收，与正身整齐缝合。

编织步骤:

❶ 用6号针起296针，按排花向上往返织19厘米。

❷ 由于花纹特点，此时整片余136针，左右8针宽锁链针不变，中间的120针改织星星针。

❸ 总长至19厘米时，在8宽锁链针的内侧减领口：①隔1行减1针减10次，②同时在8锁链针的外边沿隔3行加1针加10次，加出针同样织宽锁链针为领边。

❹ 总长至34厘米时减袖窿：①平收腋正中6针，②隔1行减1针减3次。前后肩头缝合后，领边的18针宽锁链针不缝，依然向上直织，至后脖正中时对头缝合形成翻领。

❺ 袖横边用6号针起12针，往返织20厘米对头缝合形成环状。从1正针侧环形挑出75针按排花向上直织，总长至21厘米时减袖山：①平收腋正中10针，②隔1行减1针减13次。余39针统一减至20针后紧收平边，与正身整齐缝合。

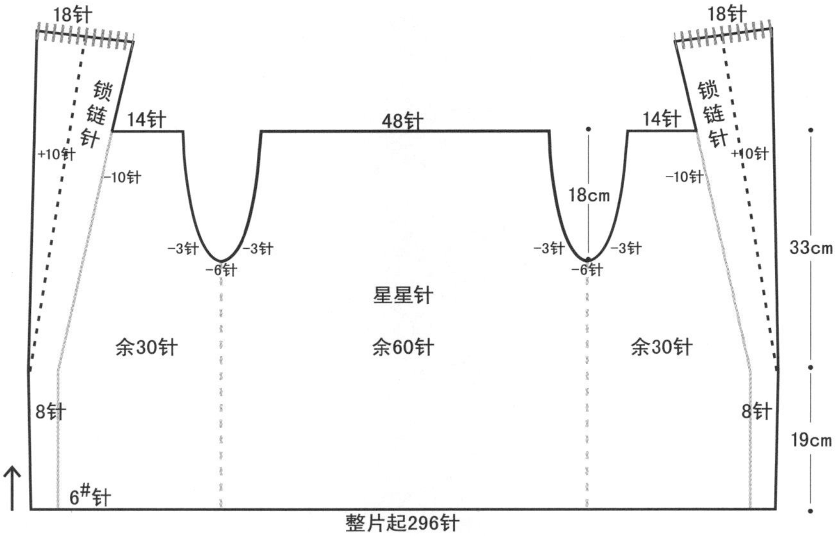

领袖排花:

6	9	6	9	6	9	6	9	6	9
麻花针	球球针	麻花针	球球针	麻花针	球球针	麻花针	球球针	麻花针	球球针

袖横边排花:

3	8	1（用于挑织袖子）
锁链球球针	麻花针	正针

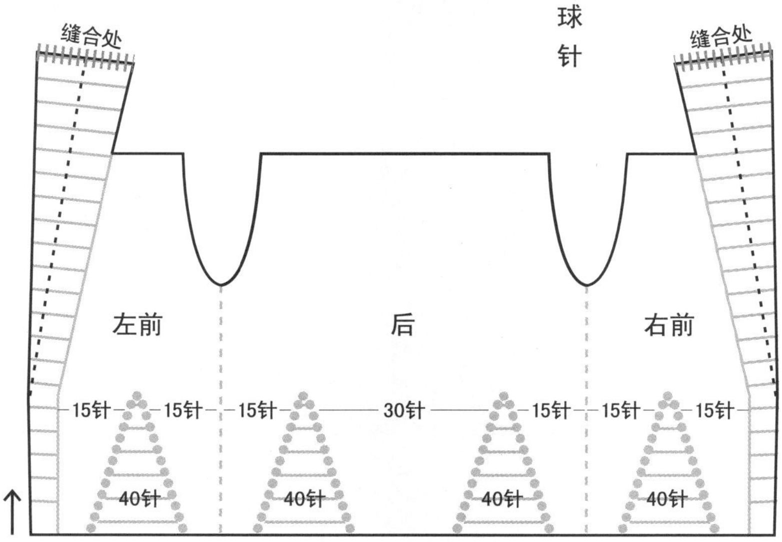

整体排花：

8	14	1	40	1	28	1	40	1	28	1	40	1	28	1	40	1	14	8
宽锁链针	星星针	球球针	宽锁链针	球球针	星星针	球球针	宽锁链针	球球针	星星针	球球针	宽锁链针	球球针	星星针	球球针	宽锁链针	球球针	星星针	宽锁链针

小提示：

袖横边织好后对头缝合，有球球的一侧为袖底边，正针一侧用于挑织袖子。

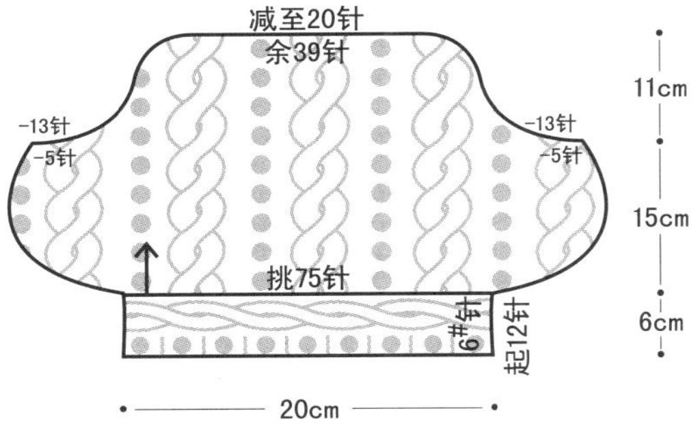

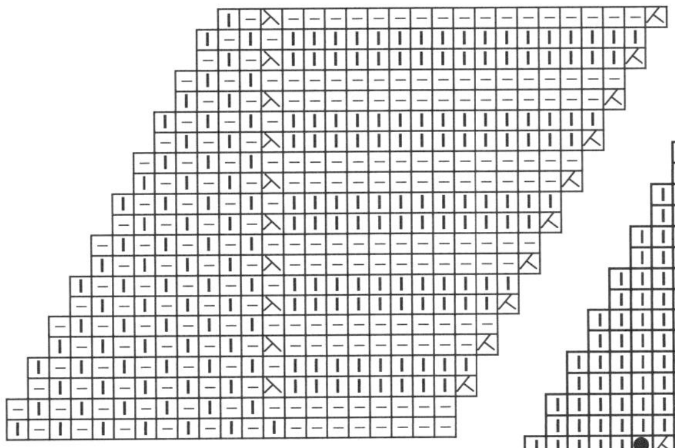

减领口和加领边方法

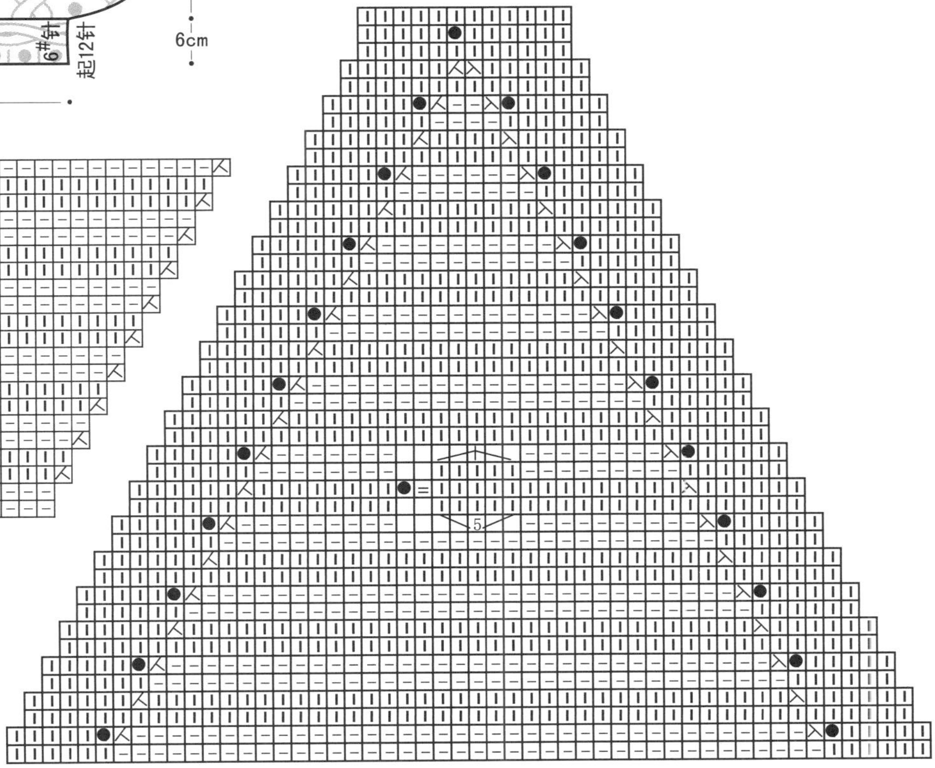

球球锥形花纹

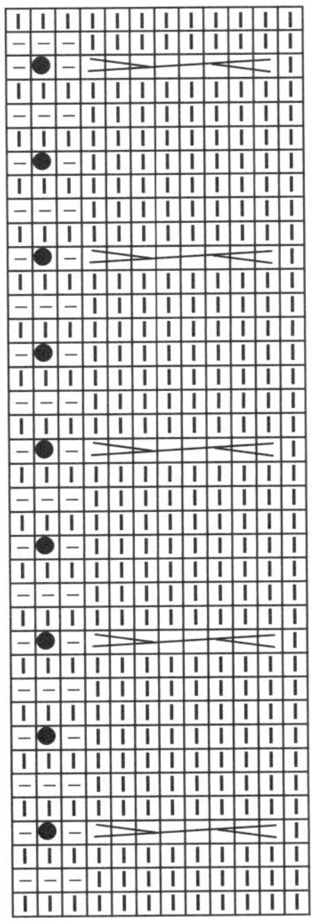

袖横边

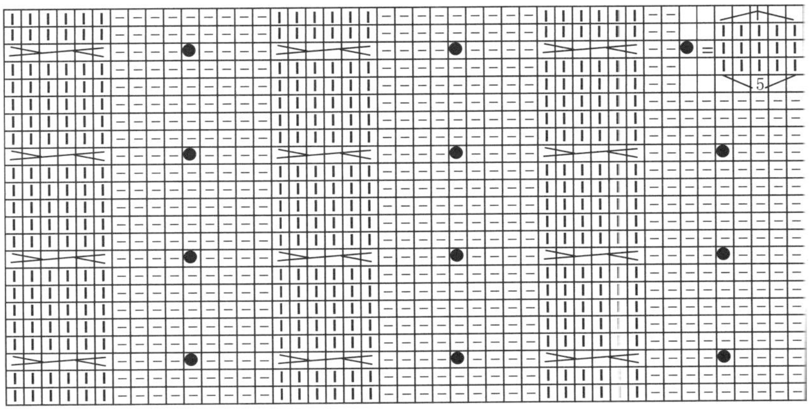

麻花和球球针

皮草拥肩女装

材　　料: 273规格纯毛粗线

用　　量: 450克

工　　具: 6号针、8号针、9号针

尺　　寸: 以实物为准

平均密度: 边长10厘米方块 = 20针 × 25行

编织简述:

首先织一条长围巾，对头缝合后形成环圈，从环圈的下沿挑针，并在左右平加针，合圈后向下织正身；完成正身后，从两侧形成的圆洞处环形挑针向下织袖子。最后从环圈的上沿挑织领子。

编织步骤:

❶用6号针起36针，往返织92厘米绵羊圈圈针后对头缝合形成环圈。

❷从环圈的下沿正中56厘米位置挑出112针，左右各平加8针，一圈合成128针形成正身，向下环形织28厘米正针后，换8号针改织5厘米拧针单罗纹形成下摆。

❸正身两侧的各18厘米为左右袖，从此处挑出36针，与正身平加的8针合成44针。用6号针向下环形织正针，同时在袖腋处隔11行减1次针，每次减2针，共减6次。至39厘米时，换8号针改织5厘米拧针单罗纹后收针形成袖子。

❹从环圈的上沿挑出100针，用6号针环形织6厘米拧针单罗纹后，换8号针织6厘米、最后换9号针织4厘米后收边形成高领。

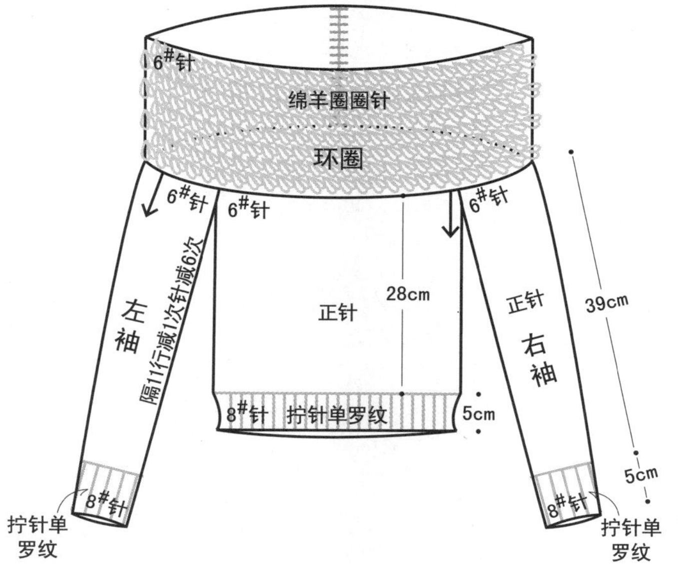

小提示:
斜边与起针处缝合时注意整齐平展。

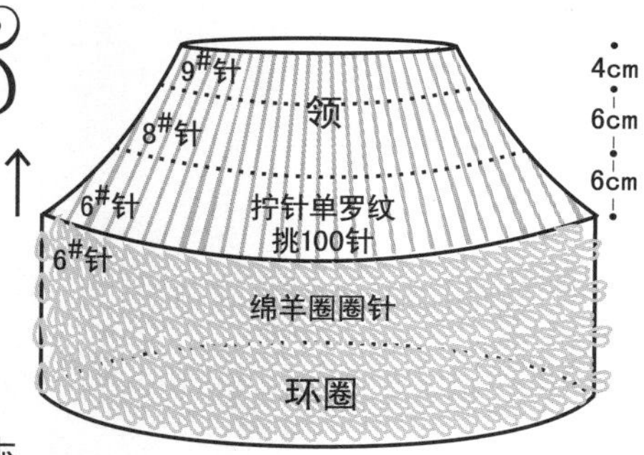

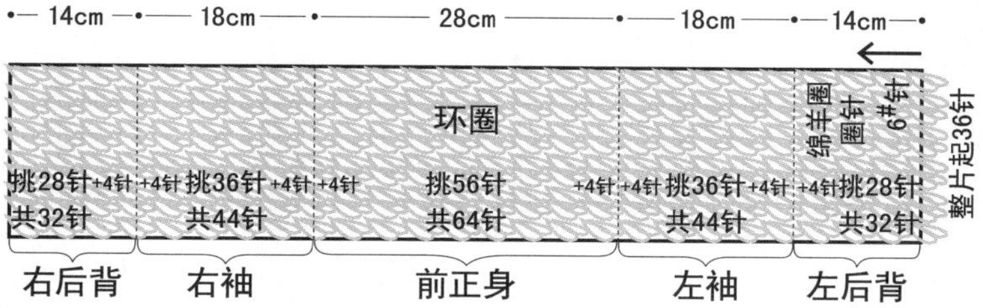

1　　2　　3　　4

绕线起针方法

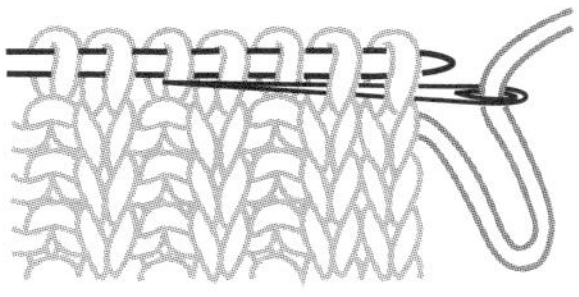

1

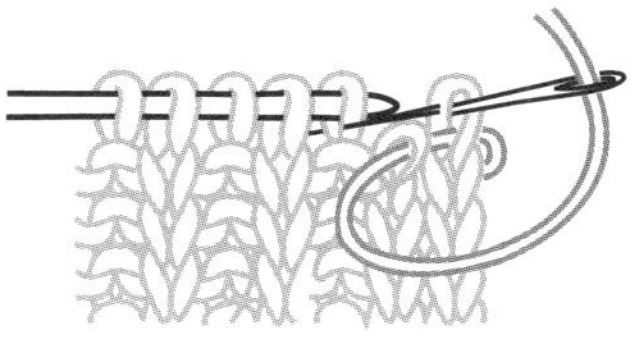

2

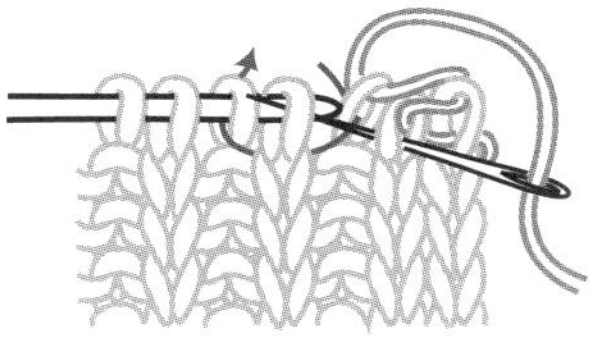

3

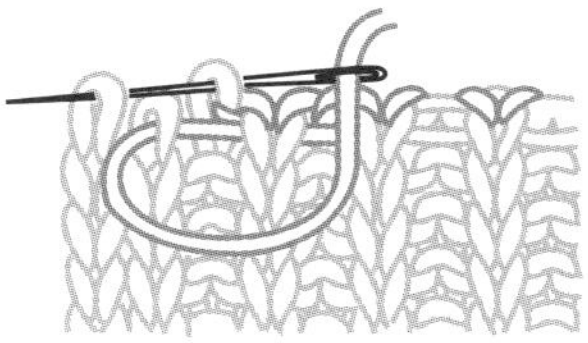

4

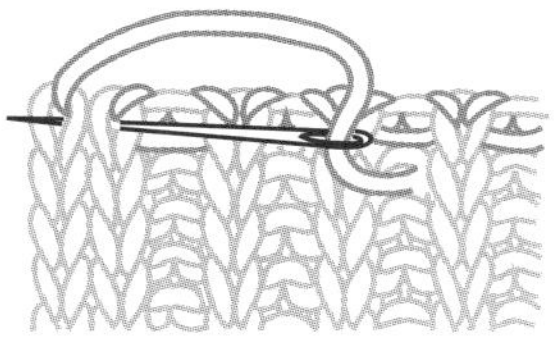

5

单罗纹收针缝法

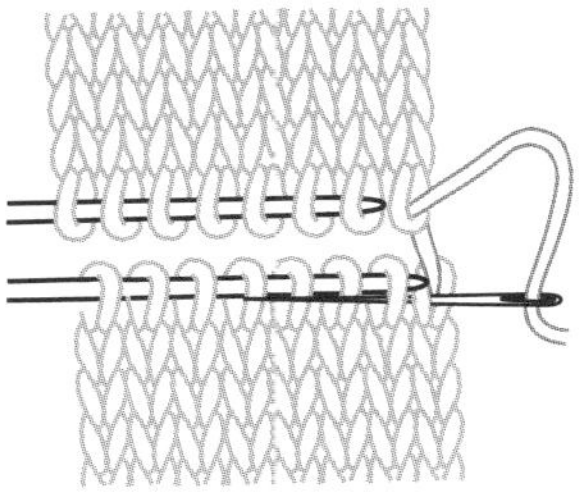

1

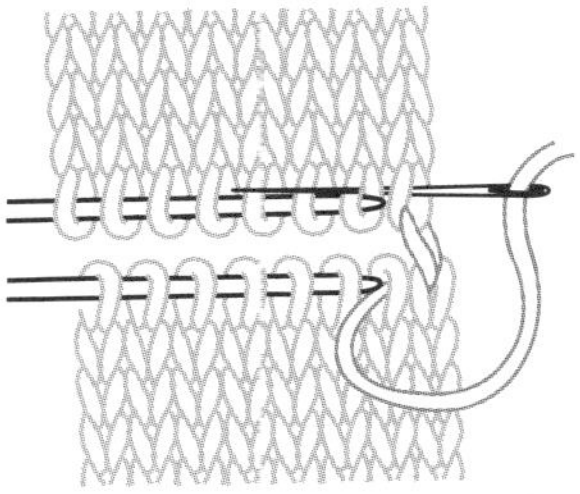

2

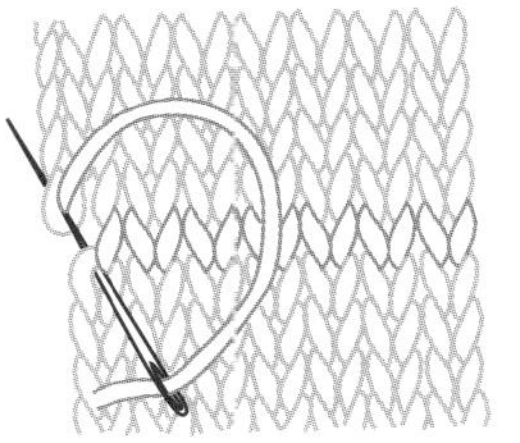

3

对头缝合方法

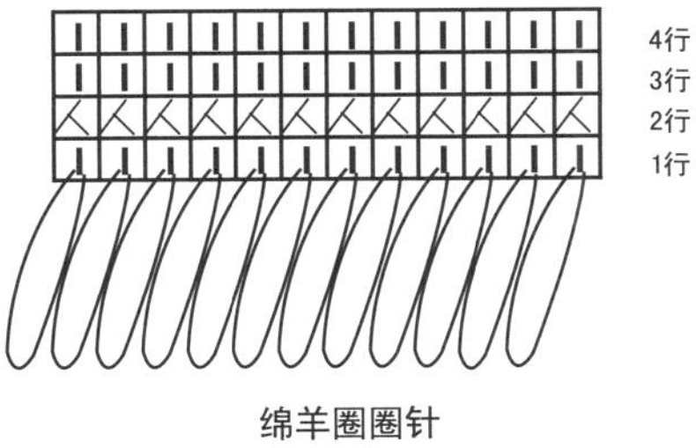

绵羊圈圈针

第一行：右食指绕双线织正针，然后把线套绕到正面，按此方法织第2针。
第二行：由于是双线所以2针并1针织正针。
第三、四行：织正针，并拉紧线套。
第五行以后重复第一到第四行。

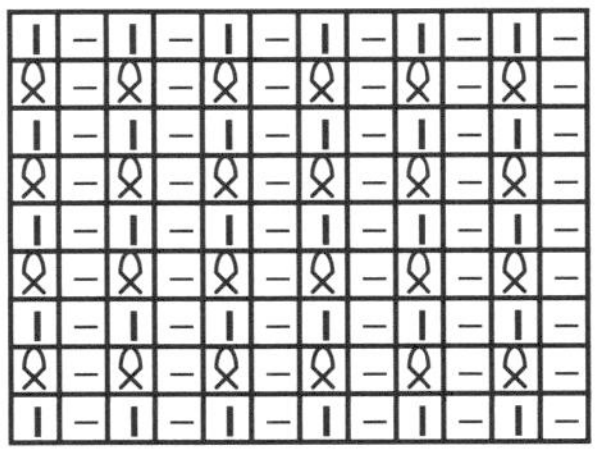

拧针单罗纹

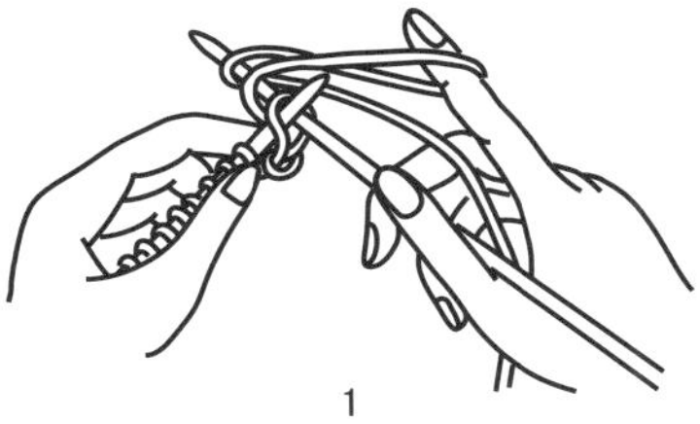

1

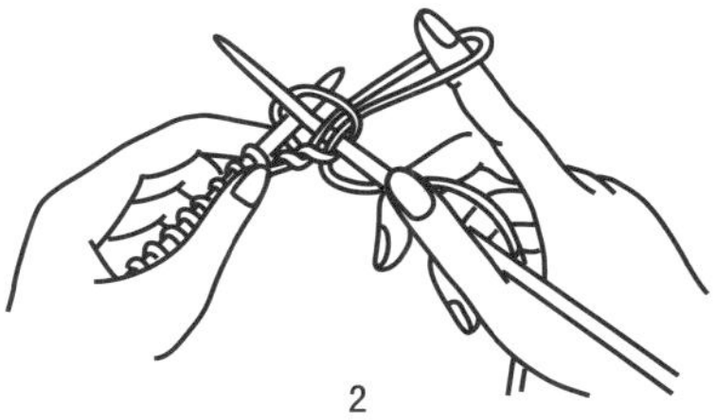

2

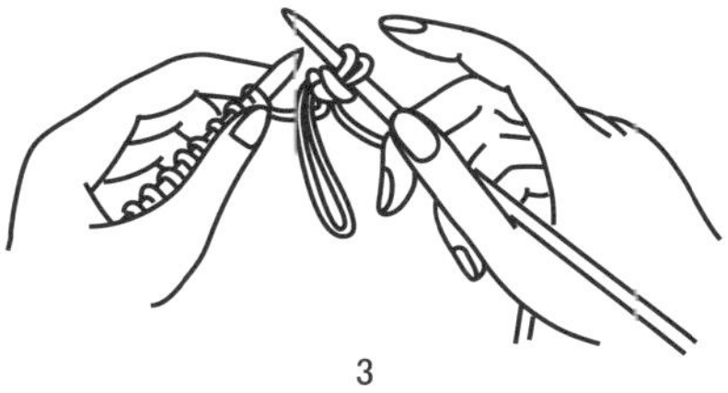

3

绵羊圈圈针

27 皮草大翻领上衣

材　　料： 278规格纯毛粗线

用　　量： 500克

工　　具： 6号针、8号针

尺　　寸： 衣长53厘米、袖长56厘米、胸围75厘米、肩宽34厘米

平均密度： 边长10厘米方块 = 19针 × 26行

编织简述：

从下摆起针向上整片织，减袖窿和减领口同时进行，领后挑往返织翻领；袖口起针后环形织相应长后按规律在加针点左右加针，每次加2针，共加4次，至腋下时减袖山，与正身整齐缝合。

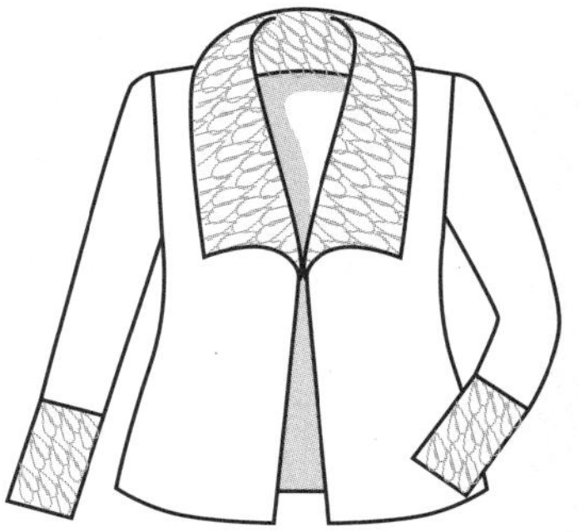

小提示：
挑领边时，要在4锁链针的外侧挑针；注意绵羊圈圈在内，不要织反。

编织步骤：

❶ 用8号针起144针，织2厘米拧针单罗纹织片。

❷ 改6号针中间136针织金鱼草针，左右各4针织锁链针。

❸ 总长至35厘米时减袖窿：①平收腋正中8针，②隔1行减1针减6次。

❹ 减领口与袖窿同时进行，在4锁链针的内侧隔5行减1针减9次。用6号针从领口锁链针的两侧挑36针，从后脖挑18针，共合成90针往反织12厘米绵羊圈圈针，紧收平边。

❺ 袖口用6号针起36针，环形织12厘米绵羊圈圈针后，改织金鱼草针，并在袖腋下隔15行加1次针，共加4次。总长至44厘米后减袖山：①平收腋正中8针，②隔1行减1针次12次，余针平收，与正身整齐缝合。

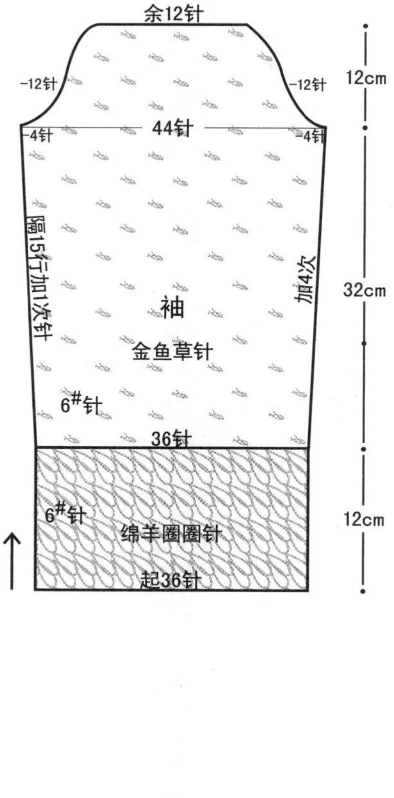

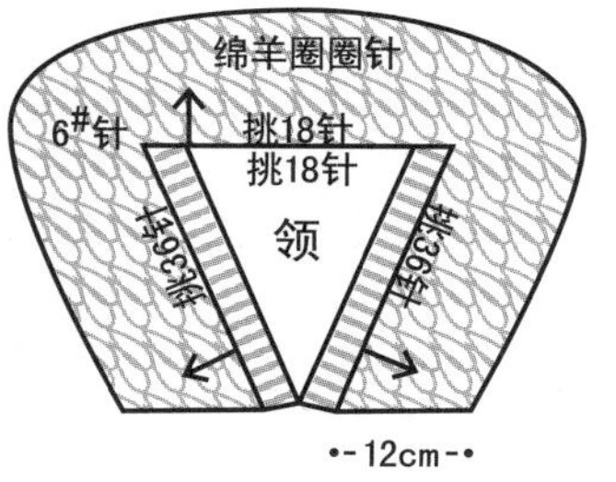

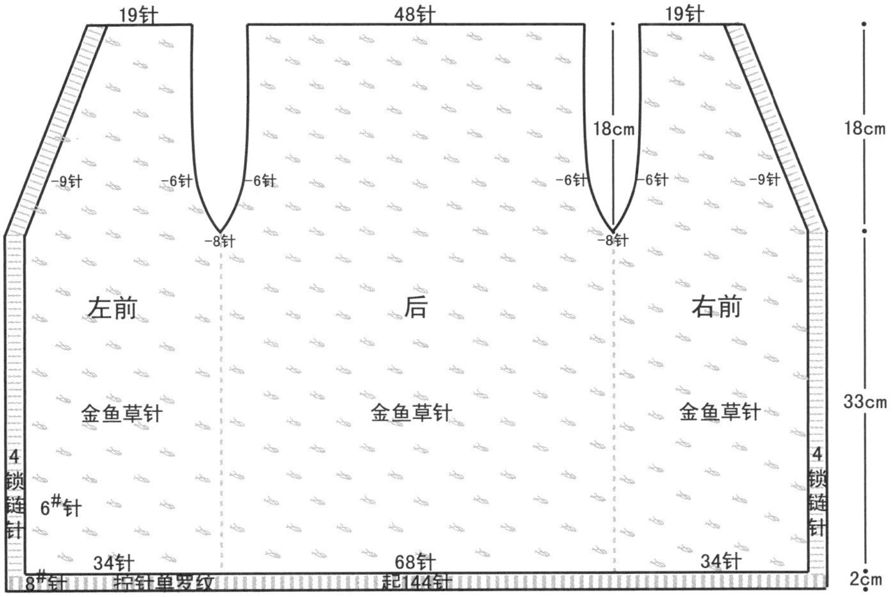

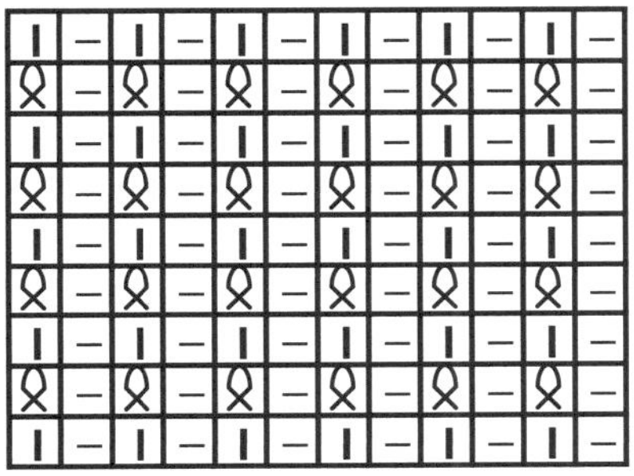

拧针单罗纹

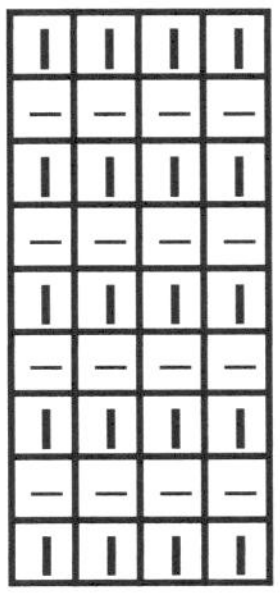

锁链针

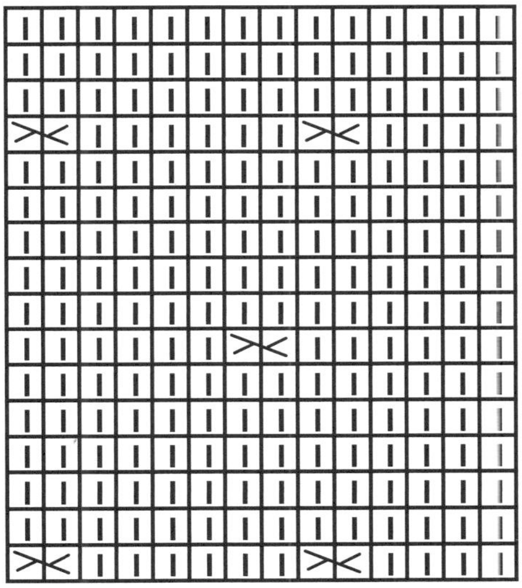

金鱼草针

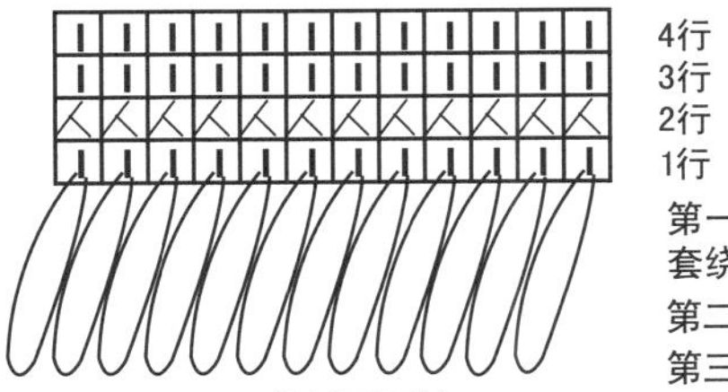

绵羊圈圈针

第一行：右食指绕双线织正针，然后把线套绕到正面，按此方法织第2针。

第二行：由于是双线所以2针并1针织正针。

第三、四行：织正针，并拉紧线套。

第五行以后重复第一到第四行。

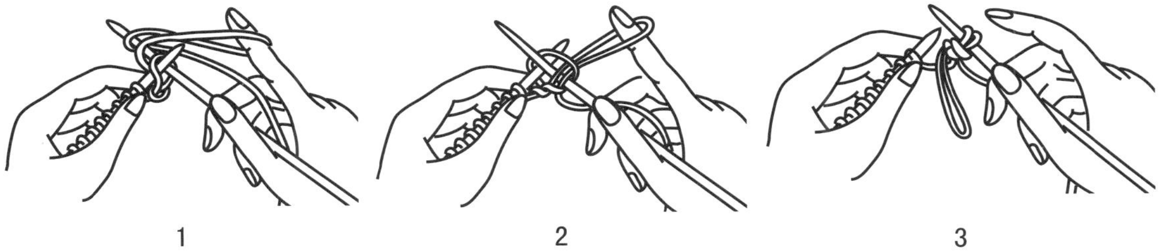

绵羊圈圈针

28 首尔印象围巾

材　　料： 273规格纯毛粗线

用　　量： 450克

工　　具： 6号针

尺　　寸： 以实物为准

平均密度： 边长10厘米方块 = 19针 × 25行

编织简述：

按花纹环形织一个高领，再另线织一条长围巾，将长围巾与高领按要求缝合，最后系好流苏。

系流苏方法

编织步骤：

❶ 用6号针起108针，环形织18厘米贝壳针形成高领。

❷ 另线起58针按排花往返织一条长围巾，至145厘米时收边。

❸ 将高领的1/2底边与长围巾正中的25厘米位置缝合，另1/2不必缝合。

❹ 按要求在长围巾的两端系好流苏。

长围巾排花：

14	8	14	8	14
单排扣花纹	麻花针	双排扣花纹	麻花针	单排扣花纹

小提示：
注意高领的起针处为领边，在收针处与长围巾缝合。

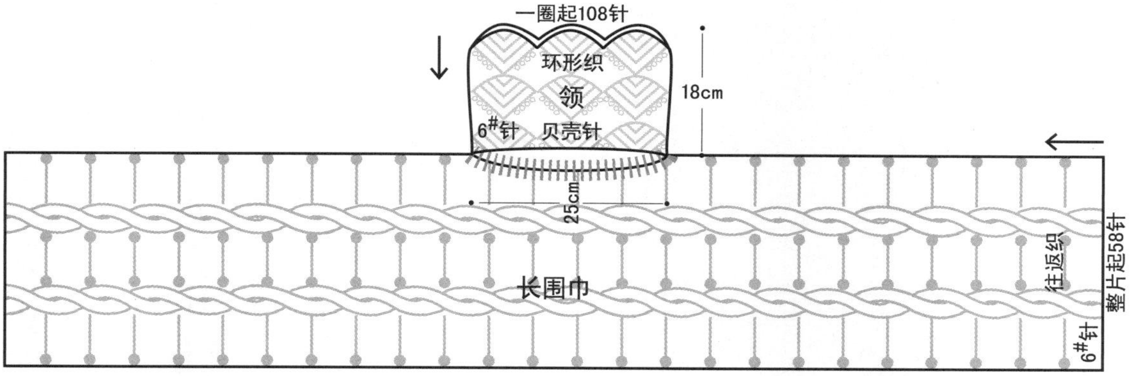

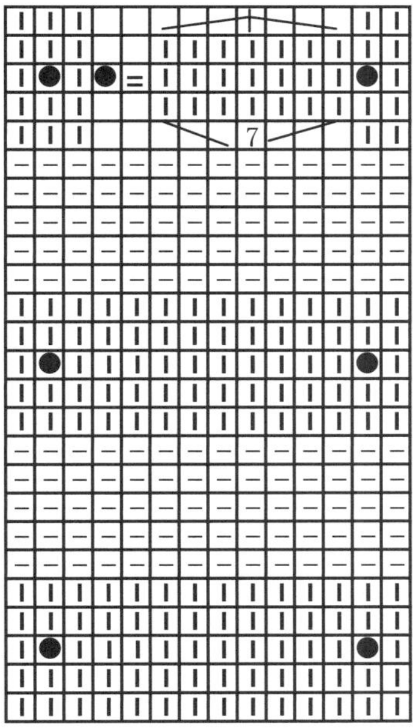

双排扣花纹

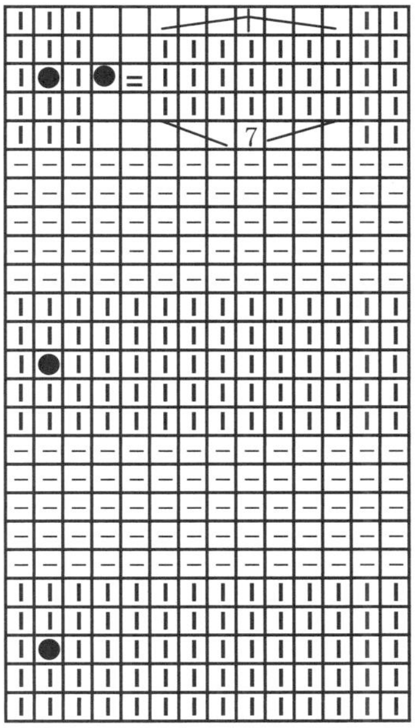

单排扣花纹

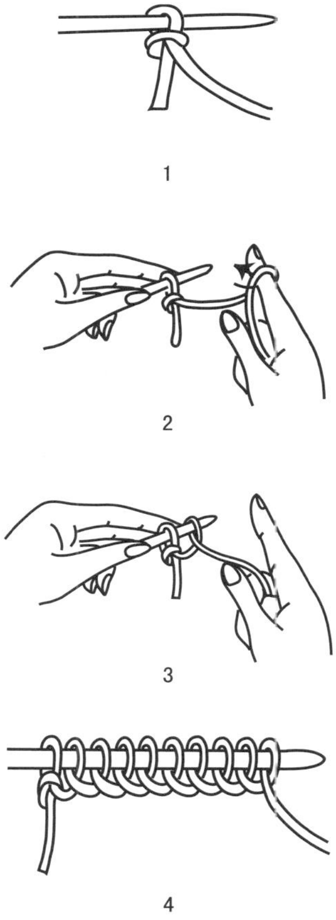

绕线起针法

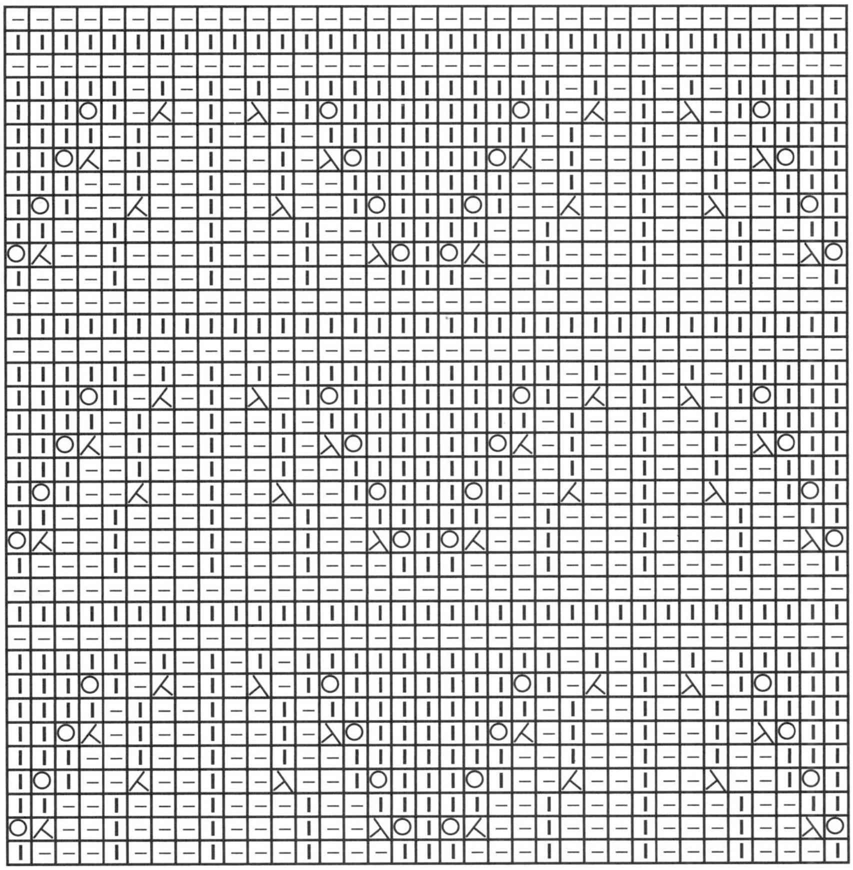

贝壳针

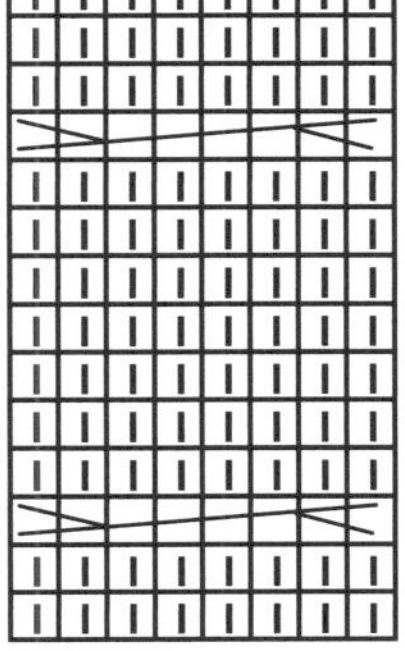

麻花针

30 修身高领上衣

材　　料: 278规格纯毛粗线

用　　量: 400克

工　　具: 6号针、8号针

尺　　寸: 衣长54厘米、袖长58厘米、胸围70厘米、肩宽25厘米

平均密度: 边长10厘米方块 = 20针 × 25行

编织简述:

从下摆起针后环形向上织，只减袖窿不减领口，前后肩头缝合后将前后片余针环形挑起织高领；袖口起针后环形向上织，同时在袖腋处规律加针至腋下，减袖山后余针平收，与正身整齐缝合。

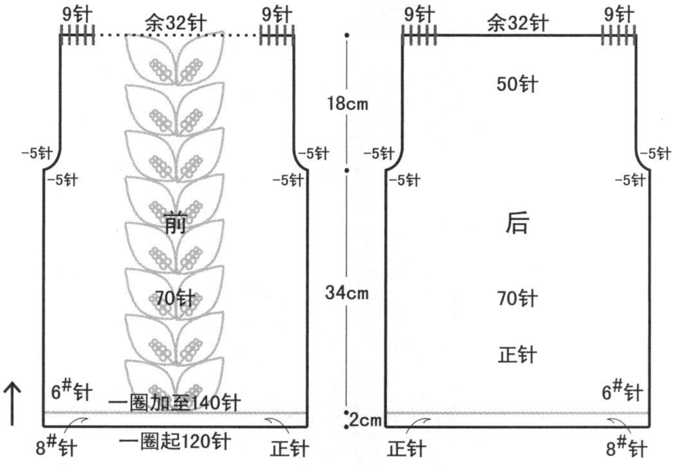

编织步骤:

❶ 用8号针起120针，环形织2厘米正针。

❷ 换6号针统一加至140针，按排花环形向上织，总长至36厘米时减袖窿：①平收腋正中10针，②隔1行减1针减5次。

❸ 领口不必减针，前后袖窿至18厘米时，各取9针缝合。前后片各余32针，用6号针环形挑起按领子排花环形向上织12厘米后，松收机械边形成高领。

❹ 袖口用8号针起32针，环形向上织2厘米正针后，换6号针依然向上织正针，同时在袖腋处隔9行加1次针，每次加2针，共加10次。总长至46厘米时减袖山：①平收腋正中10针，②隔1行减1针减13次。余针平收，与正身整齐缝合。

正身排花:

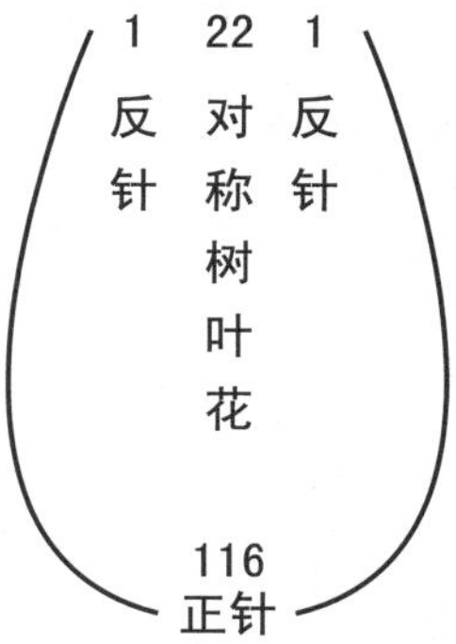

小提示:
领子完成时注意收机械边，以保持足够弹性。

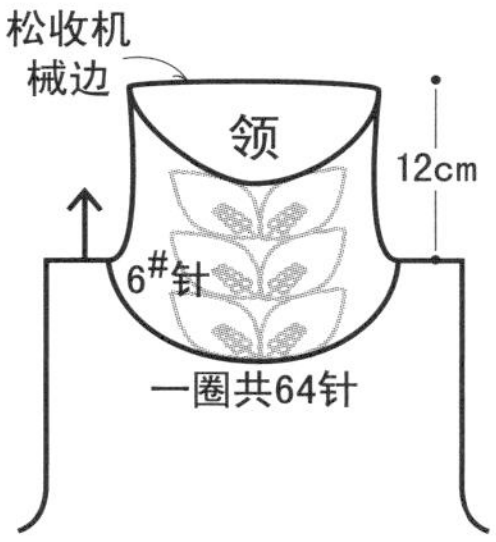

领子排花：

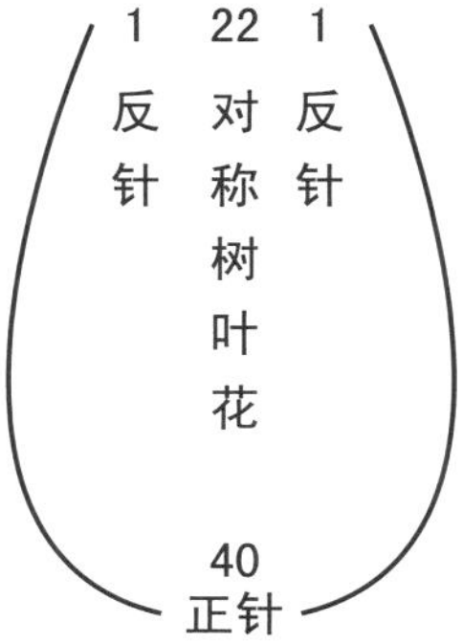

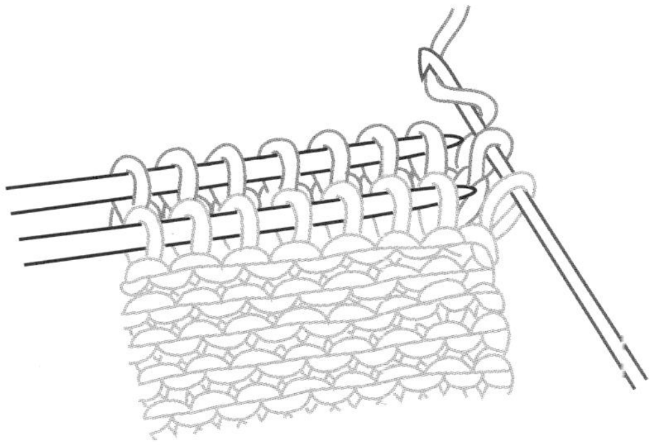

肩头缝合方法

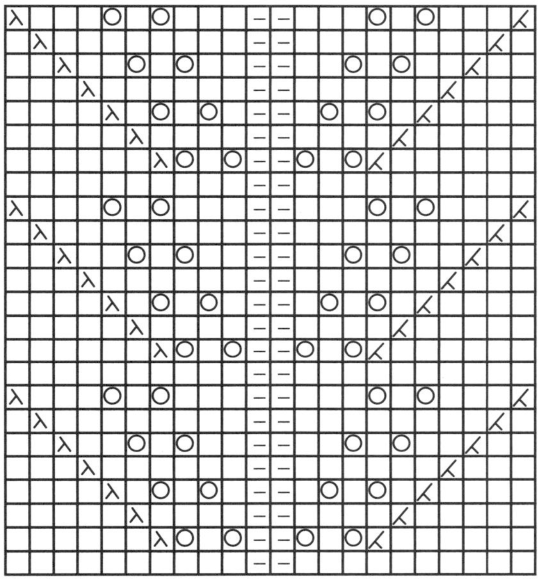

对称树叶花

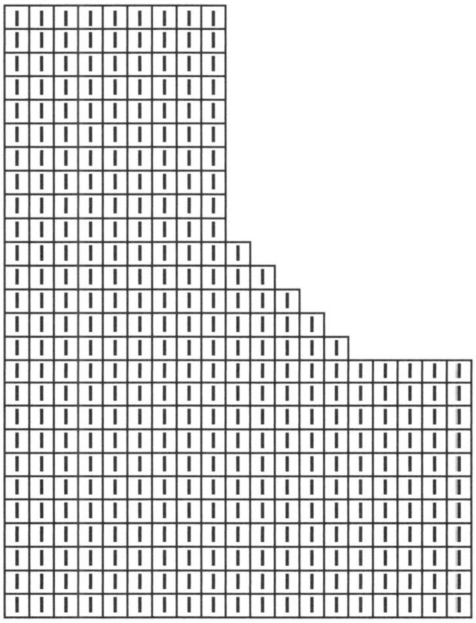

袖窿减针方法

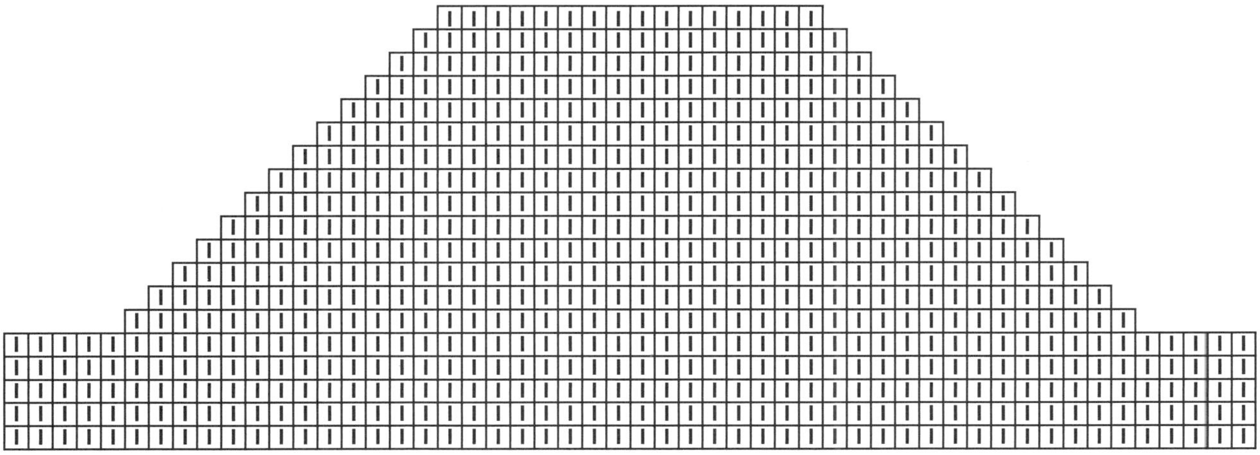

袖山减针方法

31 明星范儿多用围巾

材　　料： 278规格纯毛粗线

用　　量： 400克

工　　具： 6号针

尺　　寸： 围巾长90厘米、宽33厘米

平均密度： 边长10厘米方块 = 19针 × 25行

编织简述：

按花纹织一条长围巾，对头缝合后形成多用的披肩。

编织步骤：

❶ 用6号针起64针，按排花往返织45厘米。

❷ 将64针改织45厘米宽锁链针后平收，并与起针处缝合。

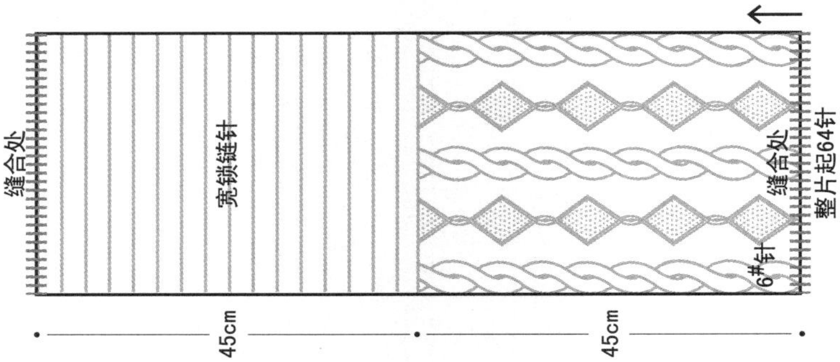

小提示：
围巾洗涤后平铺，将左右的麻花边整理成波浪效果，晾干后，花边自然而持久。

长围巾排花：

8	4	12	4	8	4	12	4	8
麻花针	反针	麻花菱形针	反针	麻花针	反针	麻花菱形针	反针	麻花针

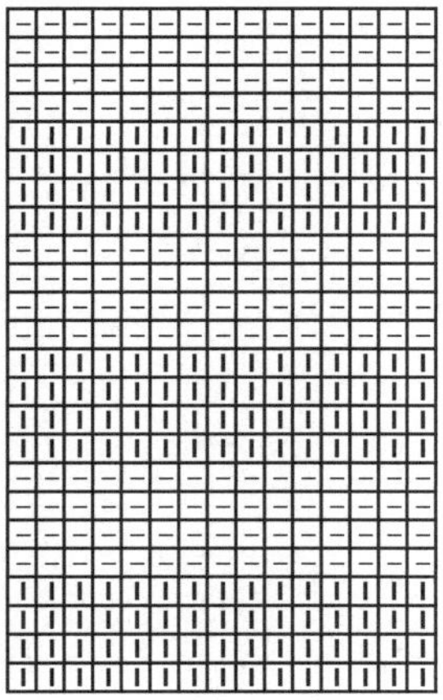

宽锁链针

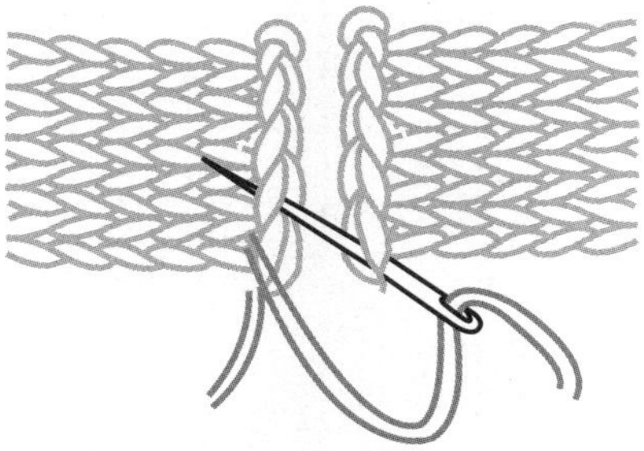

正针对头缝合方法

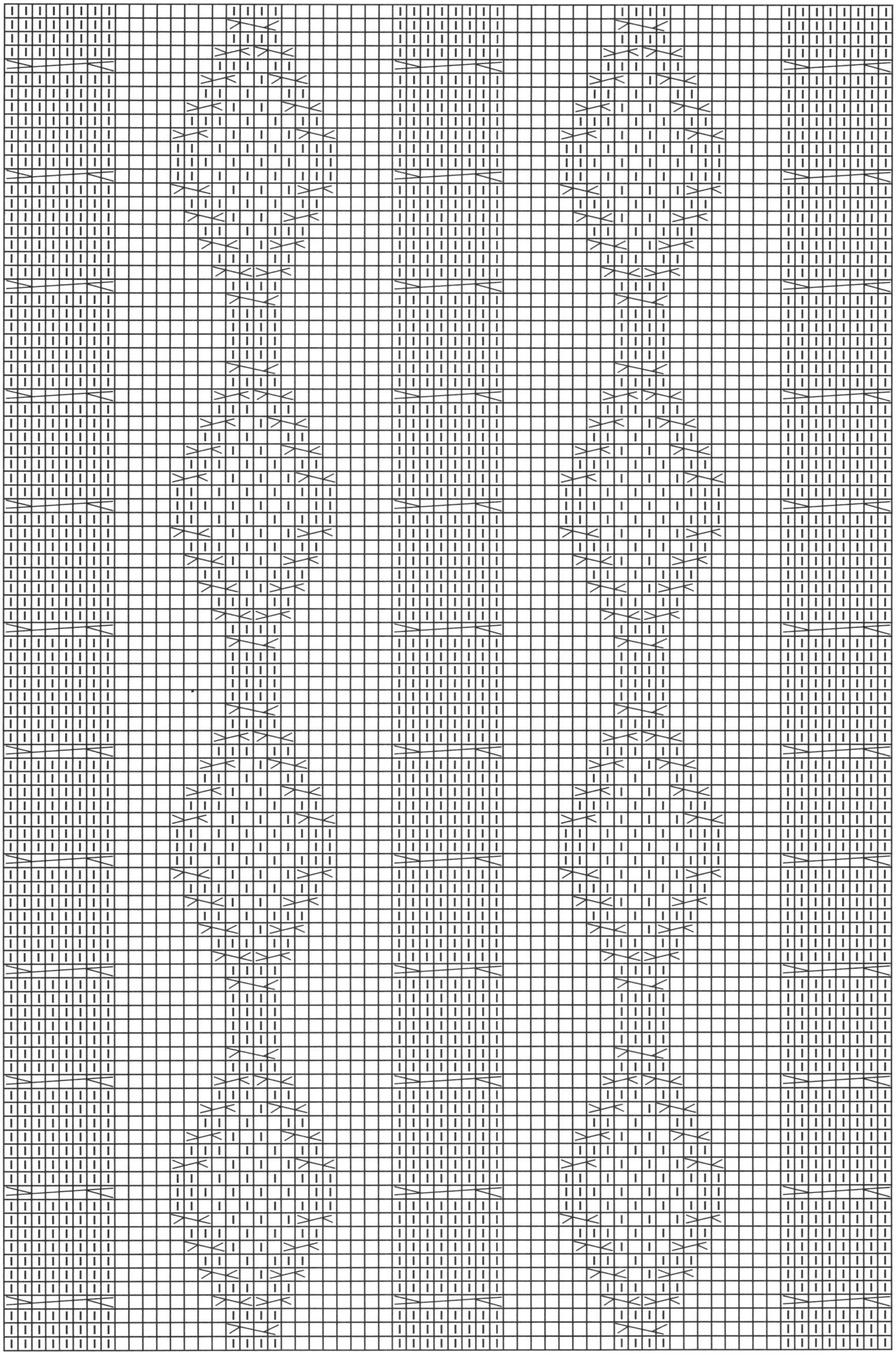

长围巾排花

33 360度宽摆开衫

材　　料： 278规格纯毛粗线

用　　量： 550克

工　　具： 6号针

尺　　寸： 以实物为准

平均密度： 边长10厘米方块= 20针 × 25行

编织简述：

往返织一条长围巾，对头缝合后，从围巾环内挑织后背片，按要求缝合各处后，将织好的袖子与袖窿口缝合。

编织步骤：

❶ 用6号针起32针，往返织136厘米宽锁链针后收针形成长围巾。

❷ 将围巾对头缝合形成环状。

❸ 在围巾环的下沿挑出70针，用6号针往返向上织正针形成后背片，至18厘米后减袖窿：①平收腋正中8针，②隔1行减1针减5次。袖窿长度至16厘米时，余52针平收并与围巾环上沿的26厘米长度缝合。同时按相同字母将后背片两肋与围巾环缝合。袖窿不缝。

❹ 用6号针起10针，按袖边排花往返织30厘米后对头缝合形成袖边，从袖边的上沿挑出40针环形织正针，同时在袖腋处隔9行加1次针，每次加2针，共加5次。总长至25厘米后减袖山：①平收腋正中8针，②隔1行减1针减13次。余针平收，与袖窿口整齐缝合。

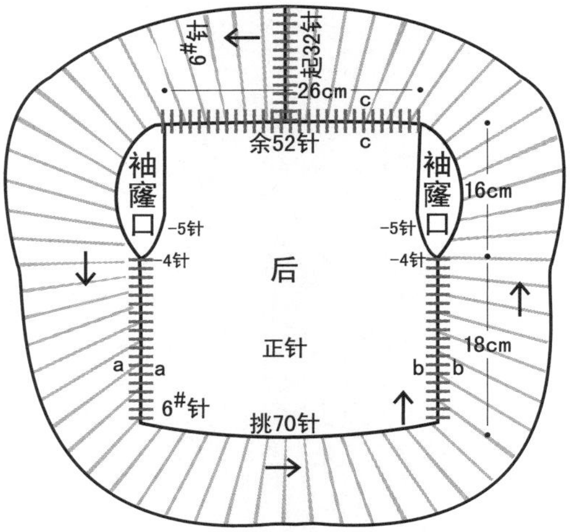

小提示：
从袖子边挑织袖子时注意整齐，应挑出所有针目，第二行时再减至40针向上环形织袖子。

短袖边排花：

1	8	1
反针	麻花针	反针

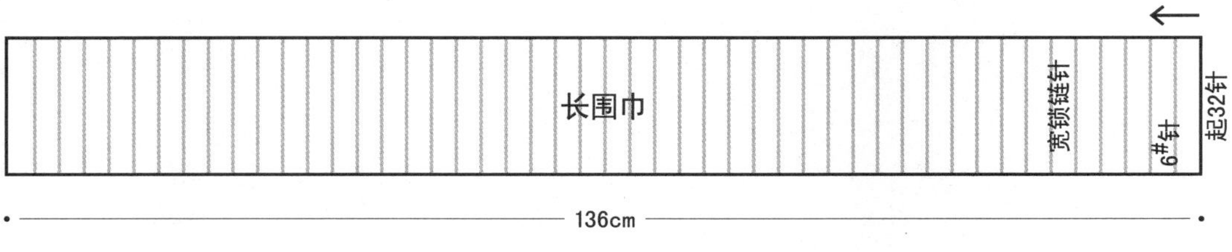

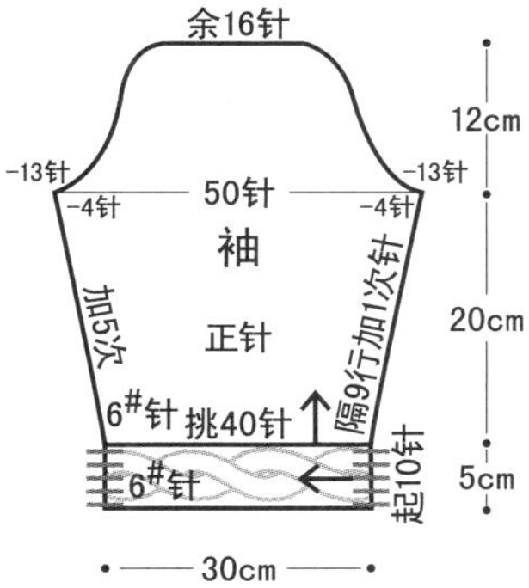

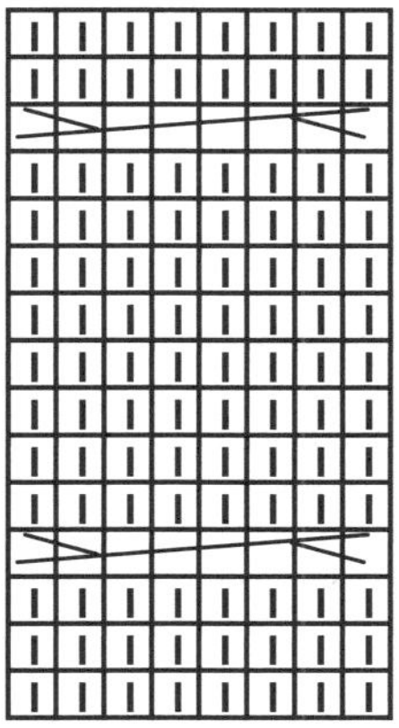

麻花针

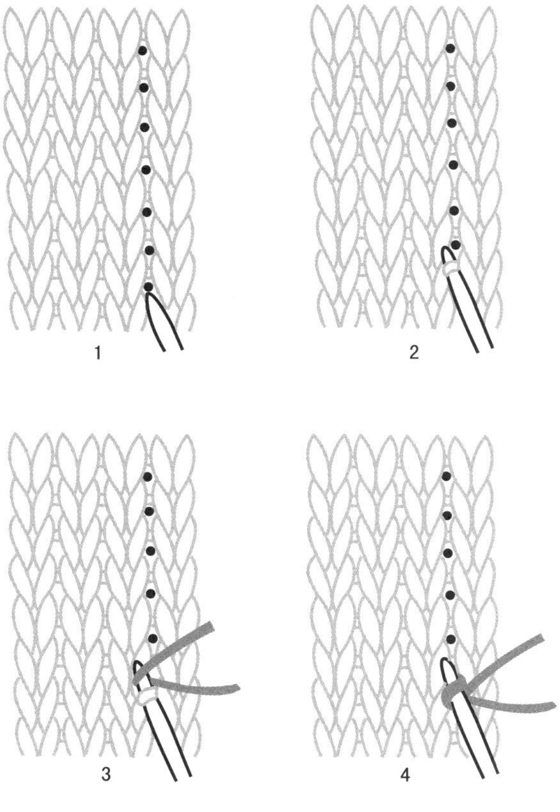

织挑针方法

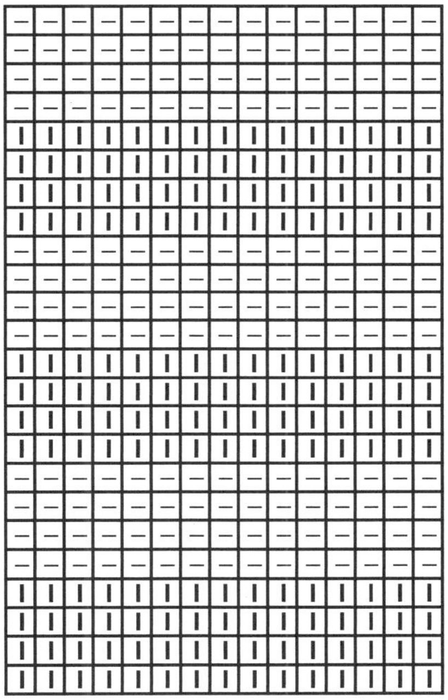

宽锁链针

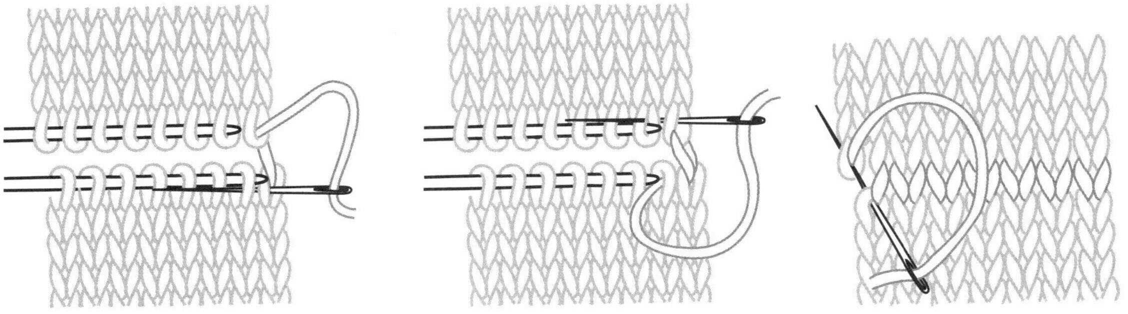

对头缝合方法

35 凹形小披肩

材　　料： 278规格纯毛粗线

用　　量： 300克

工　　具： 6号针

尺　　寸： 以实物为准

平均密度： 边长10厘米方块 = 20针 × 25行

编织简述：

按图织一个凹形，并依照相同字母缝合后形成小披肩。

编织步骤：

❶ 用6号针起216针，往返织4厘米贝壳针后，改织11厘米菠萝针。

❷ 左右各平收70针，取正中的76针向上直织18厘米后平收。

❸ 按相同字母缝合后形成小披肩。

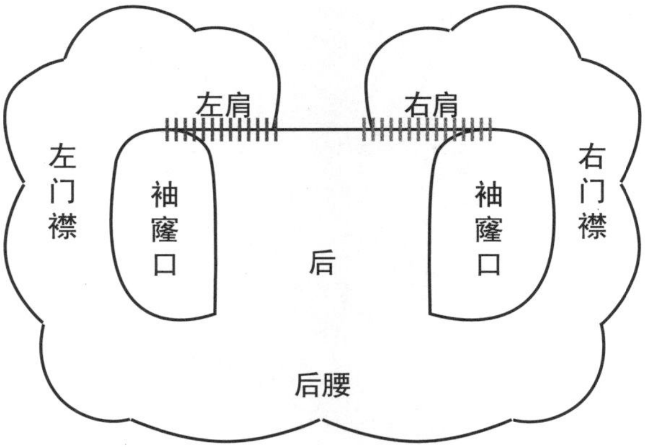

小提示：
起针时用绕线起针法，边沿呈现自然的波浪效果。

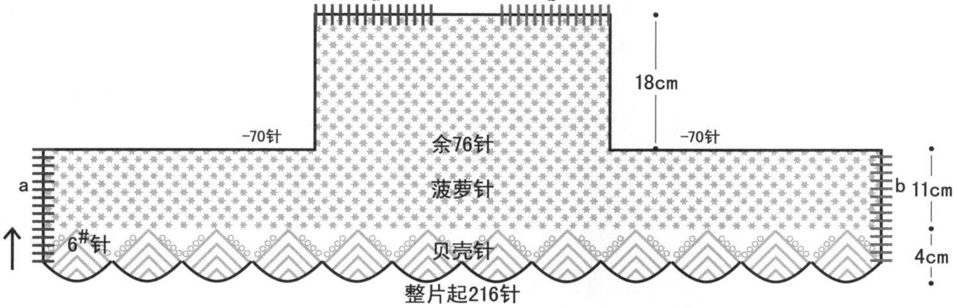

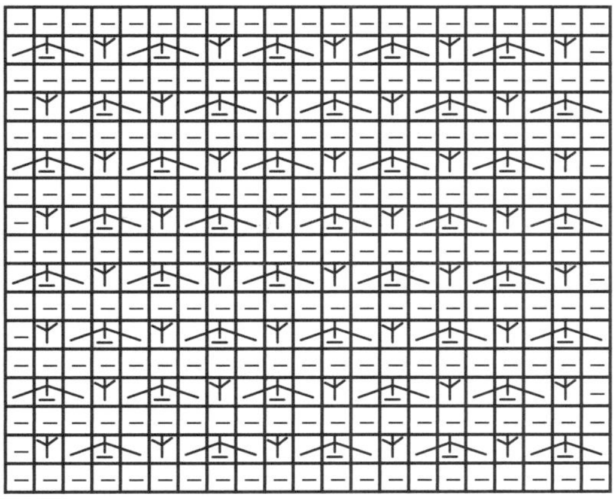

菠萝针

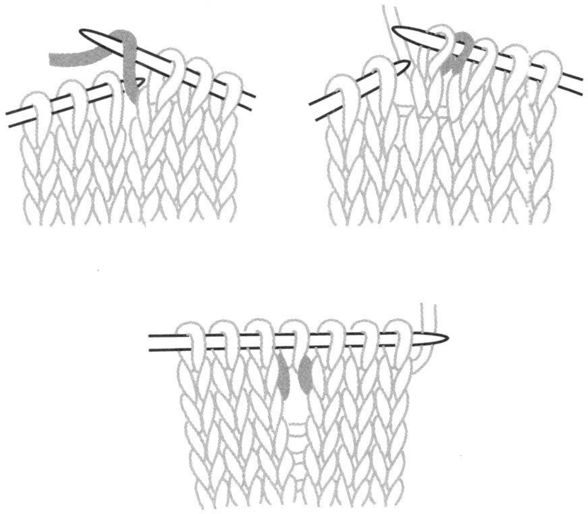

空加针

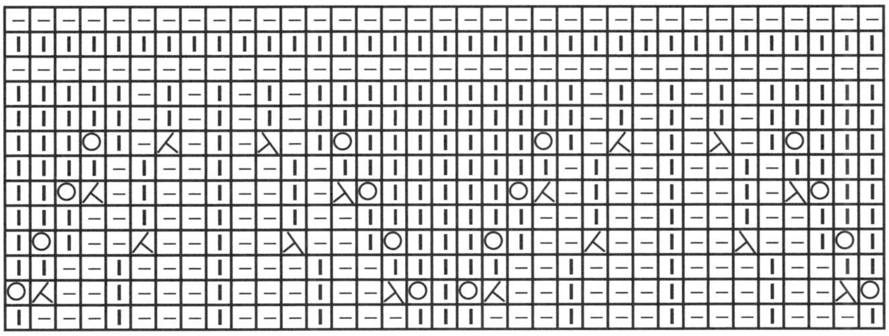

贝壳针

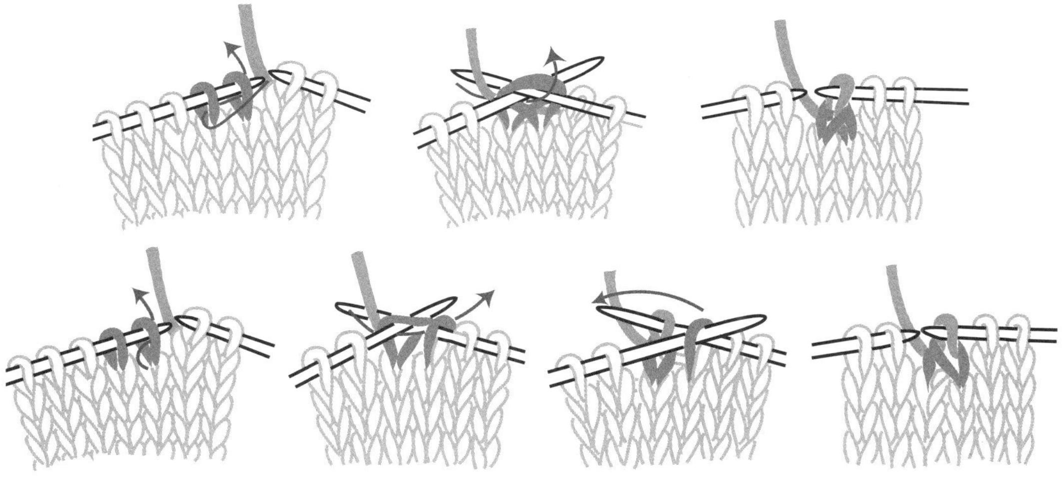

2针并1针方法

1　　2　　3　　4

绕线起针法

37 水蓝上衣

材　　料： 273规格纯毛粗线

用　　量： 550克

工　　具： 6号针、8号针

尺　　寸： 衣长45厘米、袖长46厘米、胸围71厘米、肩宽25厘米

平均密度： 边长10厘米方块 = 19针 × 25行

编织简述：

从下摆起针后环形向上织，先减袖窿后减领口，前后肩头缝合后挑织高领；袖口起针后环形向上织，同时在袖腋处规律加针至腋下，减袖山后余针平收，与正身整齐缝合。

编织步骤：

❶ 用8号针起120针，环形织5厘米拧针单罗纹。

❷ 换6号针统一加至136针，环形织22厘米正针后减袖窿：①平收腋正中10针，②隔1行减1针减5次。

❸ 距后脖8厘米时减领口：①平收领正中10针，②隔1行减3针减1次，③隔1行减2针减1次，④隔1行减1针减1次，余针向上直织。前后肩头缝合后，从领口处挑出88针，用8号针环形织6厘米拧针双罗纹后收机械边形成高领。

❹ 袖口用8号针起36针，环形织5厘米拧针双罗纹后，换6号针改织正针，同时在袖腋处隔11行加1次针，每次加2针，共加5次。总长至35厘米时减袖山：①平收腋正中10针，②隔1行减1针减13次。余针平收，与正身整齐缝合。

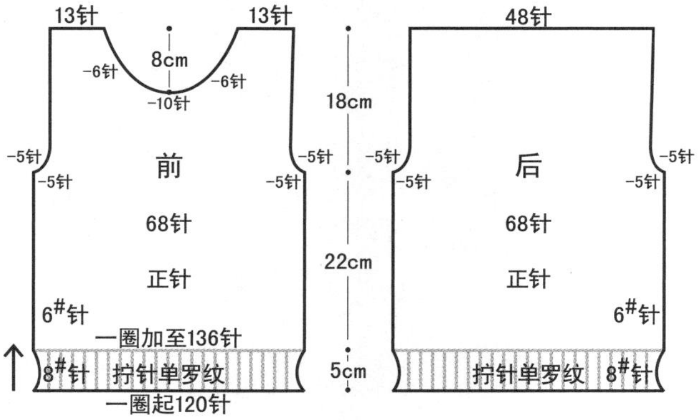

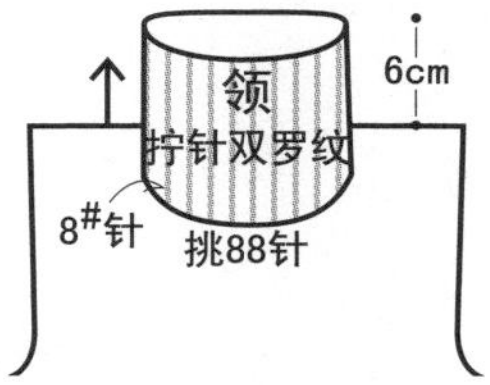

小提示：
钩织花边时注意手法，以保持花边与正身整体密度一致。

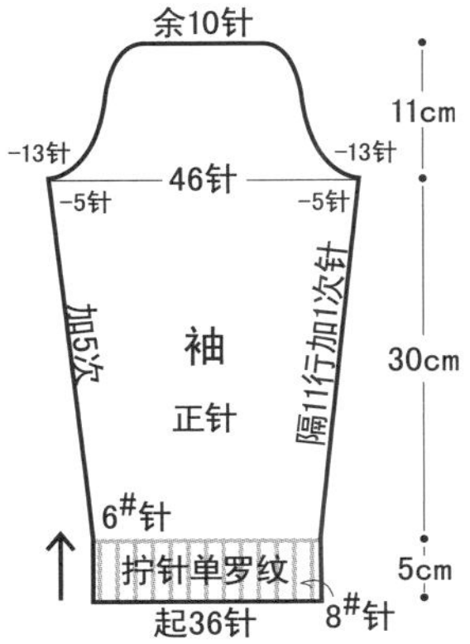

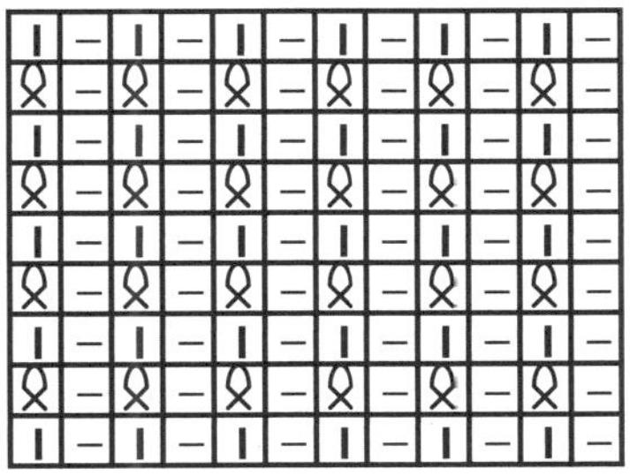

拧针单罗纹

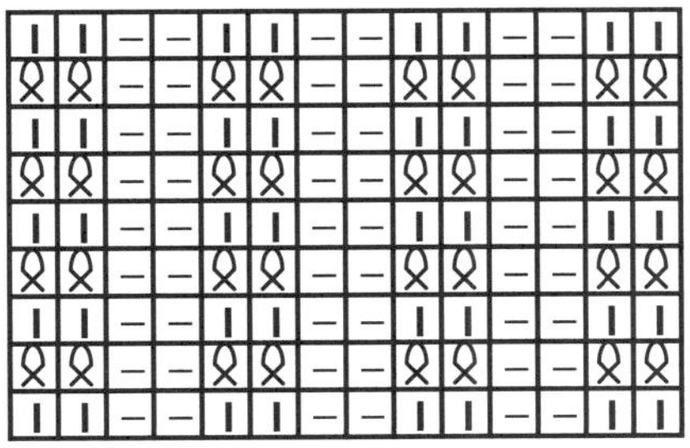

拧针双罗纹

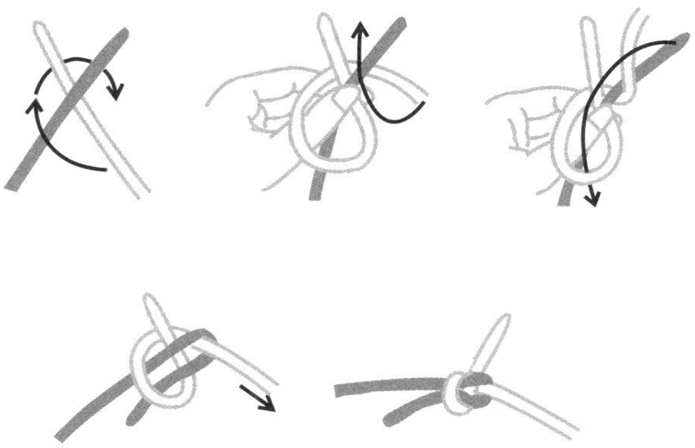

接线方法

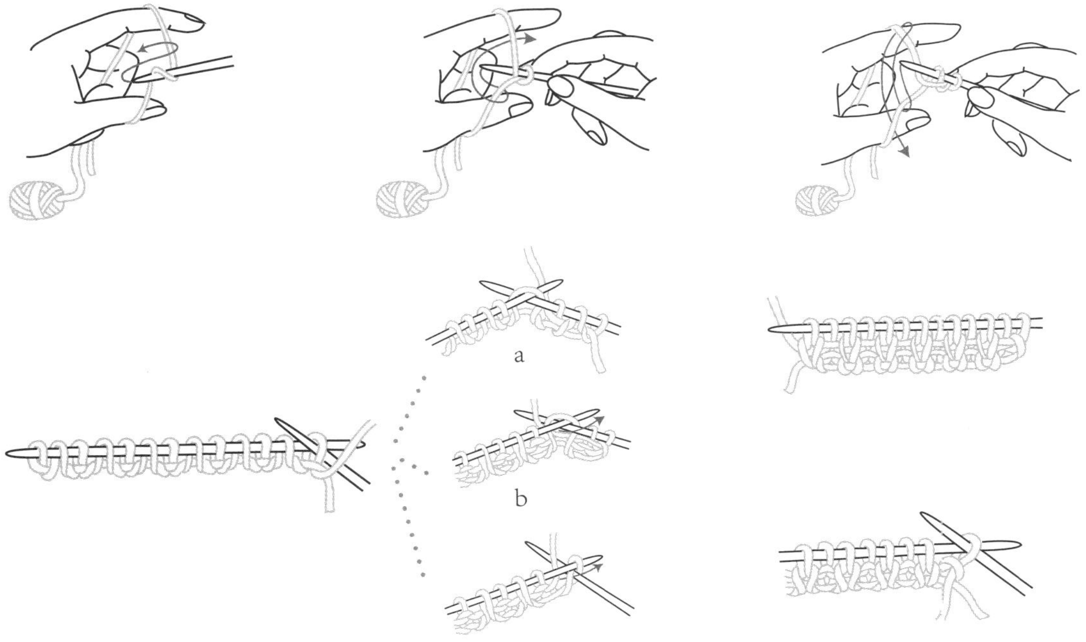

单罗纹起针方法

38 皮草收腰披肩

材　　料： 273规格纯毛粗线

用　　量： 550克

工　　具： 6号针、3.0钩针

尺　　寸： 以实物为准

平均密度： 边长10厘米方块 = 26针 × 25行

编织简述：

起针后往返织一个十字形，对折缝合后，分别向下挑织两袖和领子门襟等。

编织步骤：

❶ 用6号针起100针，往返织10厘米拧针双罗纹。

❷ 不换针，在两侧各平加25针，整片共150针向上直织36厘米拧针双罗纹后，再从两侧各平减25针，恢复原来的100针向上织10厘米后平收。

❸ 将"十"字形按虚线对折并缝合两侧。

❹ 用3.0钩针从袖窿口环形钩织10厘米荷叶边。

❺ 沿下虚线处环形钩10厘米荷叶边形成门襟和领子等。

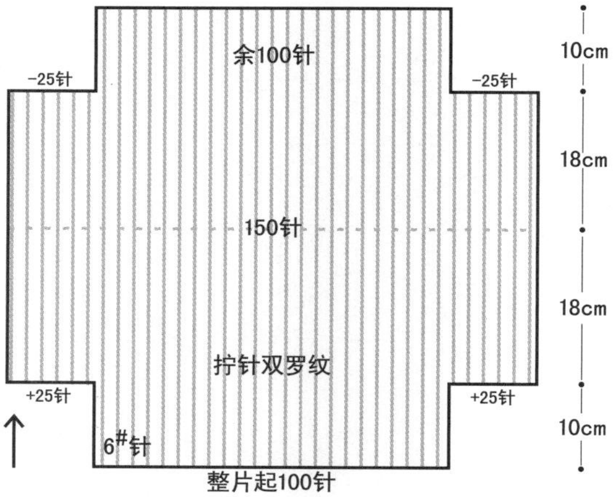

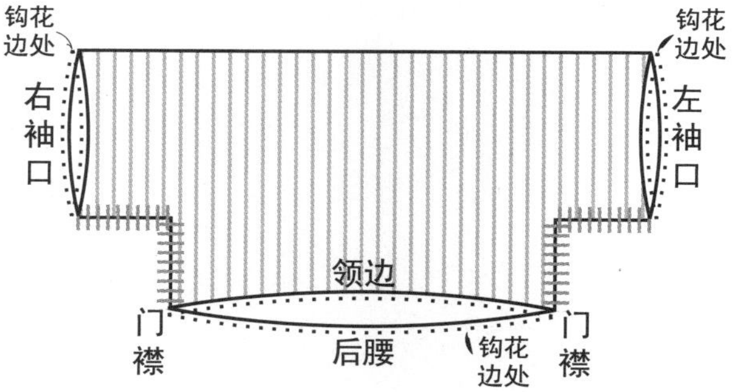

小提示：
编织品与钩织品在密度上有很大差异，特别是钩织品，其密度受手法因素影响很大。

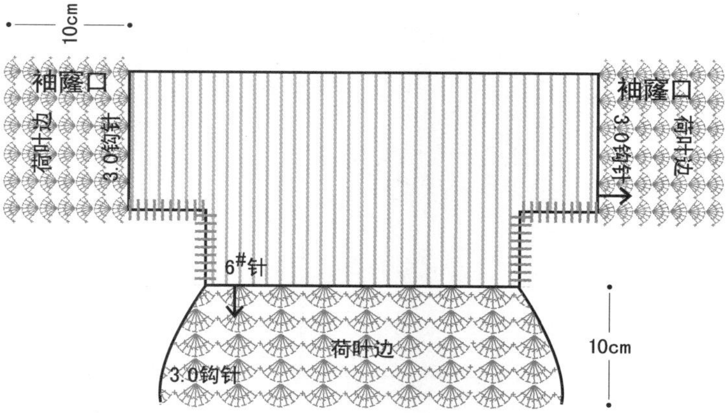

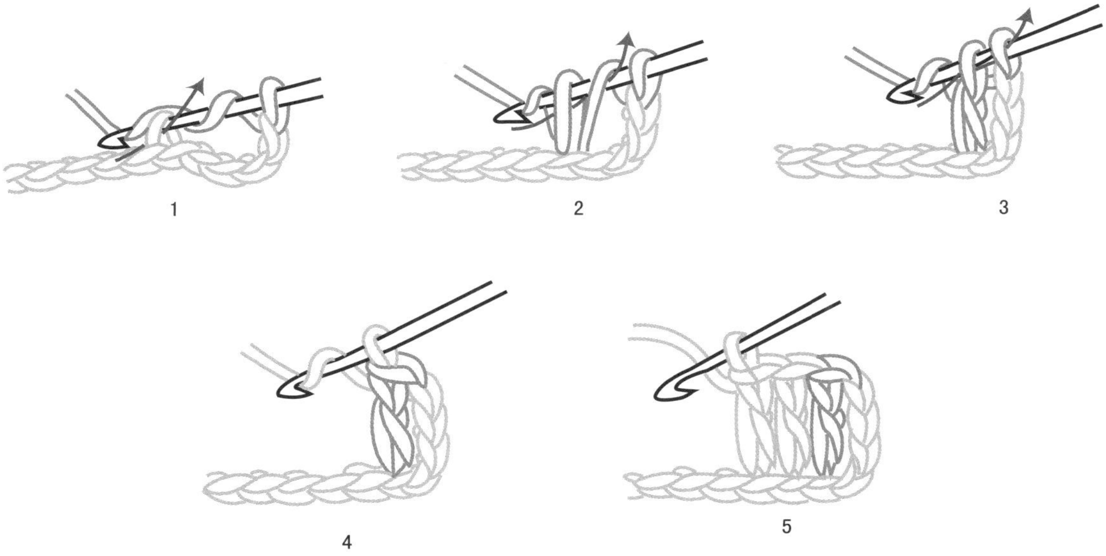

钩长针方法

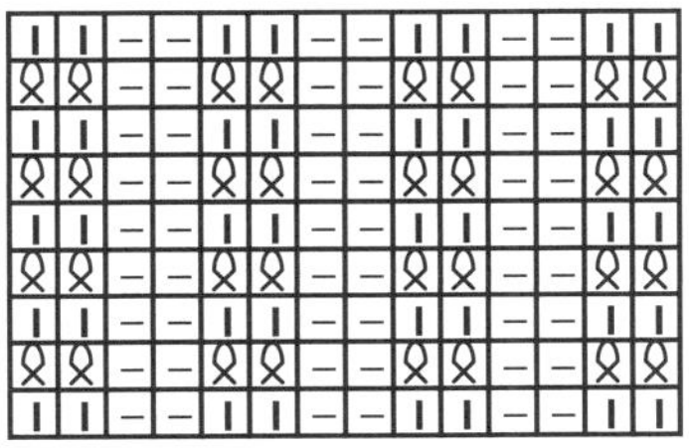

拧针双罗纹

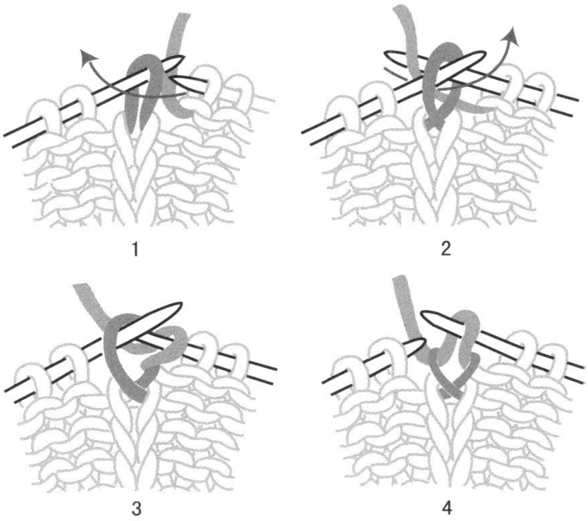

拧针织法

荷叶边

39 曼妙美披

材料： 273规格纯毛粗线

用量： 550克

工具： 6号针

尺寸： 以实物为准

平均密度： 边长10厘米方块 = 20针 × 25行

编织简述：

按花纹往返向上织片，相应长后分三片向上织然后再合成大片，形成的长洞为袖窿口，合大片向上织相应长后收边形成披肩。

编织步骤：

❶ 用6号针起190针，往返织16厘米对称树叶花。

❷ 统一减至166针，按排花往返向上织8厘米后，将中间的98针星星针分三片，分别为24针、50针、24针，向上往返织15厘米，再合成166针大片向上织，形成的长洞为袖窿口。

❸ 合成大片后向上织4厘米星星针后，总长至43厘米时将中间的98针星星针改织拧针双罗纹，左右的双波浪凤尾针不变，总长至55厘米时，左右各34针双波浪凤尾针收平边，中间的98拧针双罗纹收机械边。

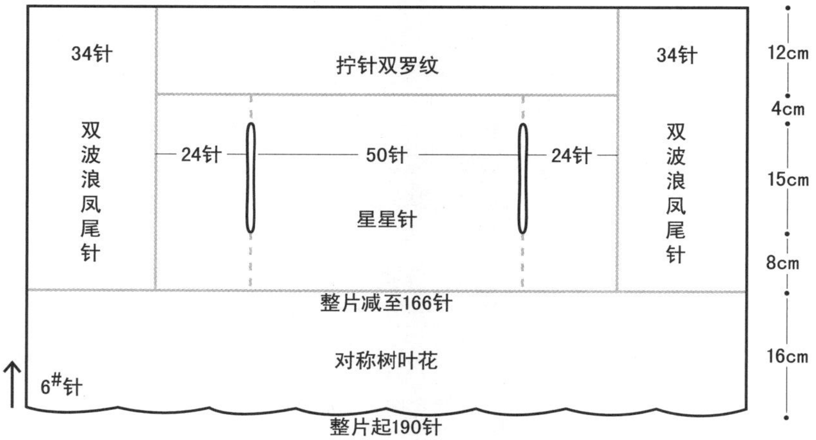

小提示：
披肩可上下颠倒穿出不同风格。

披肩排花：

34	98	34
双波浪凤尾针	星星针	双波浪凤尾针

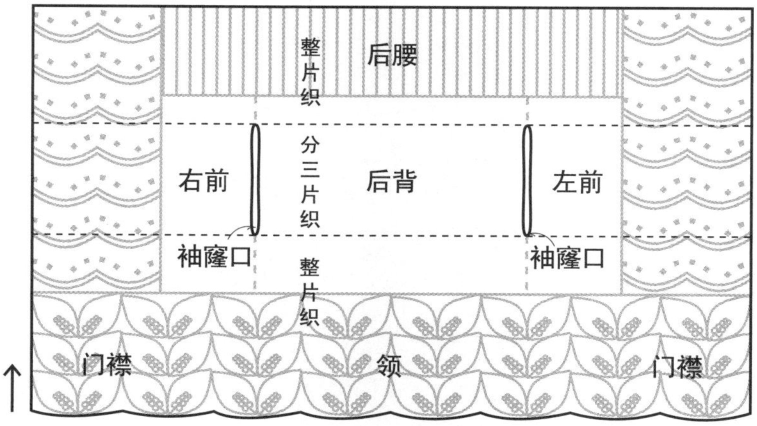

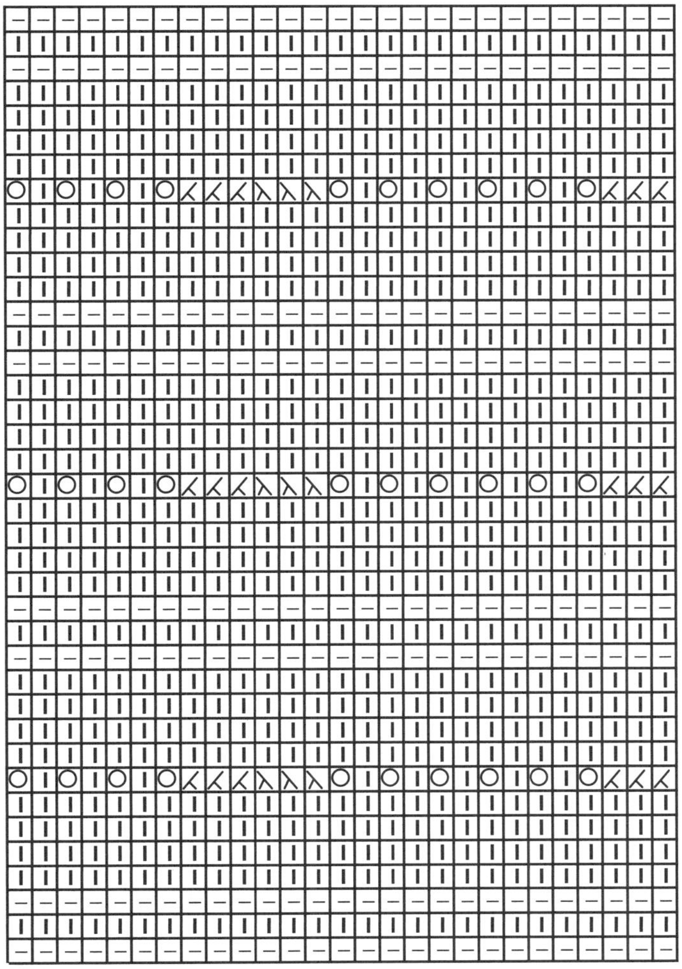

双波浪凤尾针

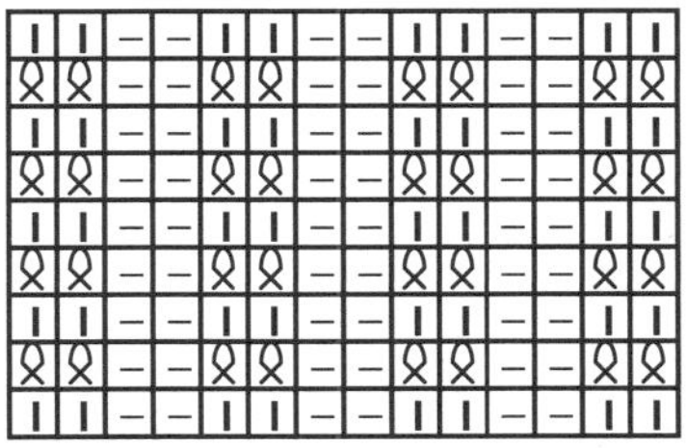

拧针双罗纹

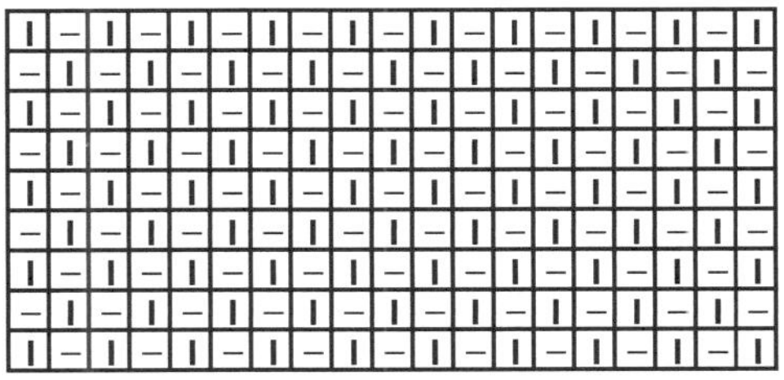

星星针

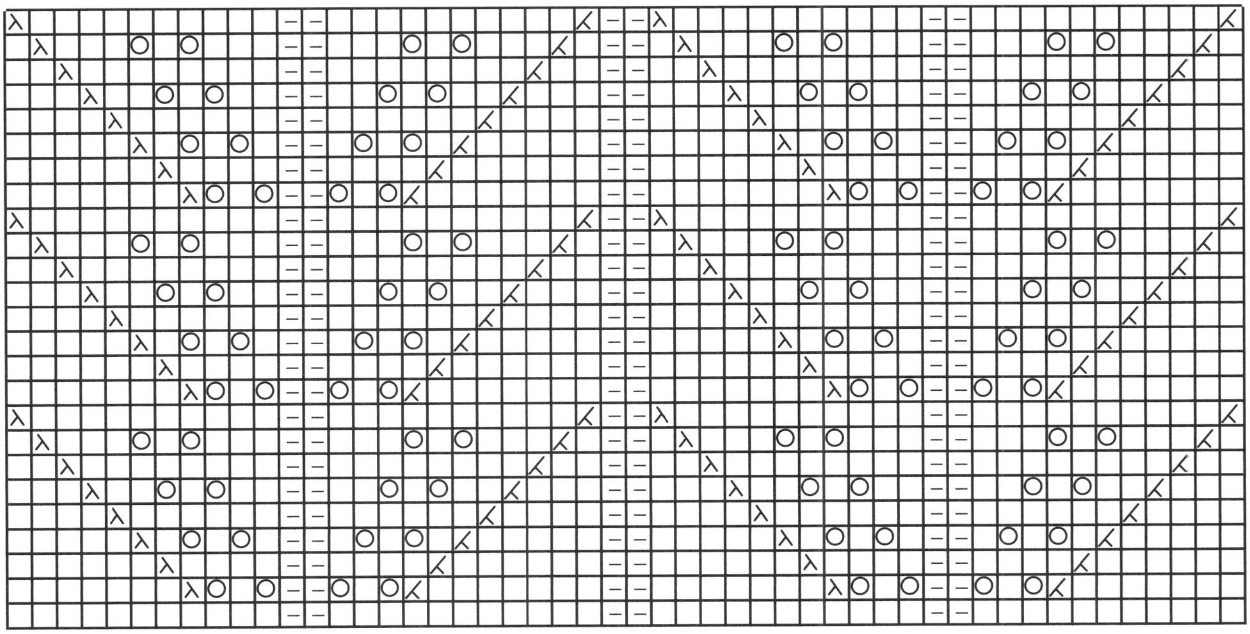

对称树叶花

42 多穿的时尚女装

材　　料: 273规格纯毛粗线

用　　量: 500克

工　　具: 6号针、8号针

尺　　寸: 衣长51厘米、袖长56厘米、肩宽22厘米

平均密度: 边长10厘米方块 = 20针 × 25行

编织简述:

分别按排花往返织后片和左、右前片。按相同字母缝合各处，以两肋的小球球为纽扣，左、右前片可垂直或交叉与后片面固定，穿着出不同风格。

编织步骤:

❶ 后片用6号针起64针，往返织15厘米蛋糕花纹后，改织星星针。总长至33厘米时减袖窿：①平收腋一侧5针，②隔1行减1针减5次。

❷ 按左、右前片排花往返织33厘米后，在腋部7宽锁链球球针的内侧减袖窿：①每行减1针减5次，②隔1行减1针减5次。

❸ 袖窿高度至18厘米时，取12针与后片缝合，门襟的7针不缝，依然按花纹向上直织，至8厘米时对头缝合并按相同字母与后片连接。

❹ 将左、右前片和后片在两腋按相同字母缝合5厘米。

❺ 袖口用8号针起40针，环形织10厘米拧针单罗纹后，换6号针按排花环形向上织，同时在袖腋处隔13行加1次针，每次加2针，共加6次。总长至44厘米时减袖山：①平收腋正中10针，②隔1行减1针减13次。余针平收，与正身整齐缝合。

小提示:
左、右前片在腋部减针时，应在7宽锁链球球针的内侧压减针，每行减1针减5次、隔1行减1针减5次。

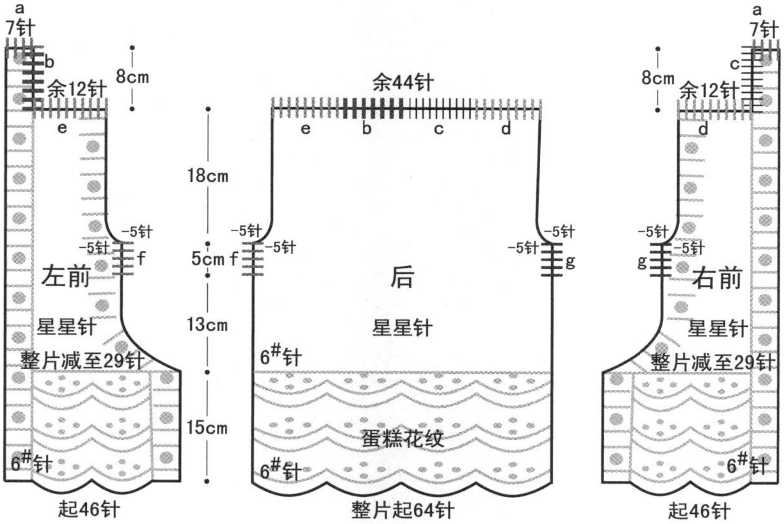

左、右前片排花:

7 宽锁链球球针 | 32 蛋糕花纹 | 7 宽锁链球球针

袖子排花:

1 反针 | 4 铜钱花 | 1 反针 | 7 宽锁链球球针 | 1 反针 | 4 铜钱花 | 1 反针

21 正针

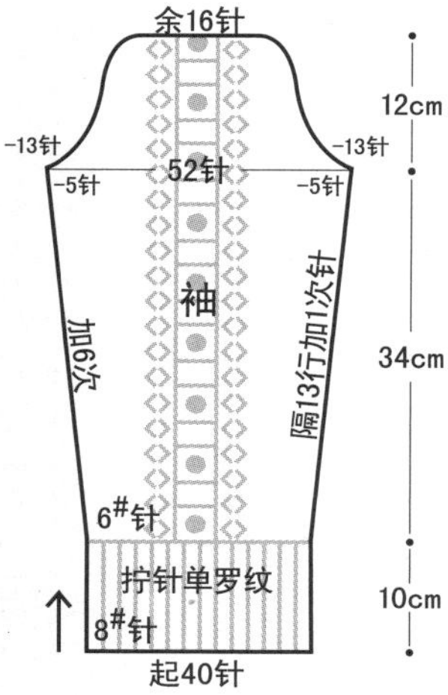

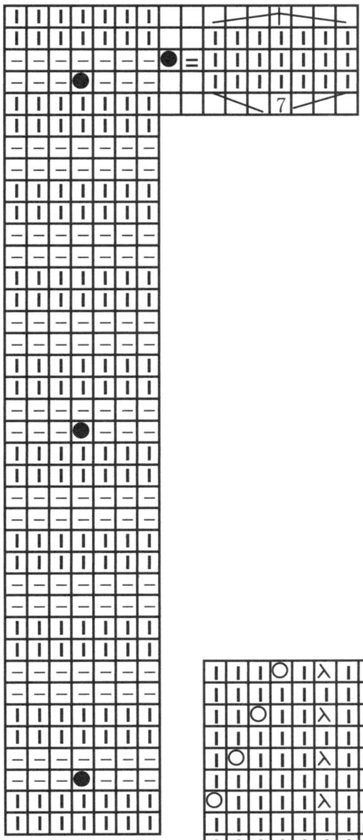

宽锁链球球针

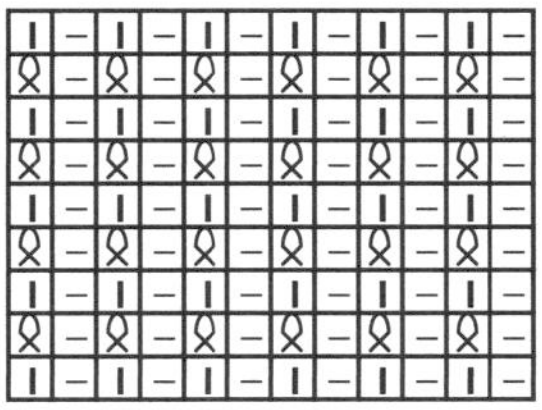

拧针单罗纹

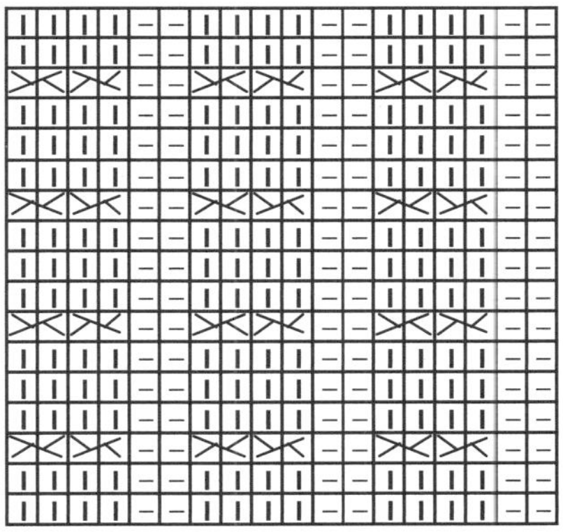

铜钱花

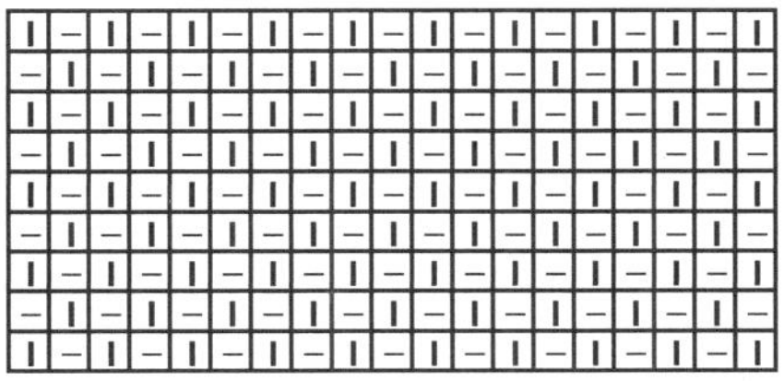

星星针

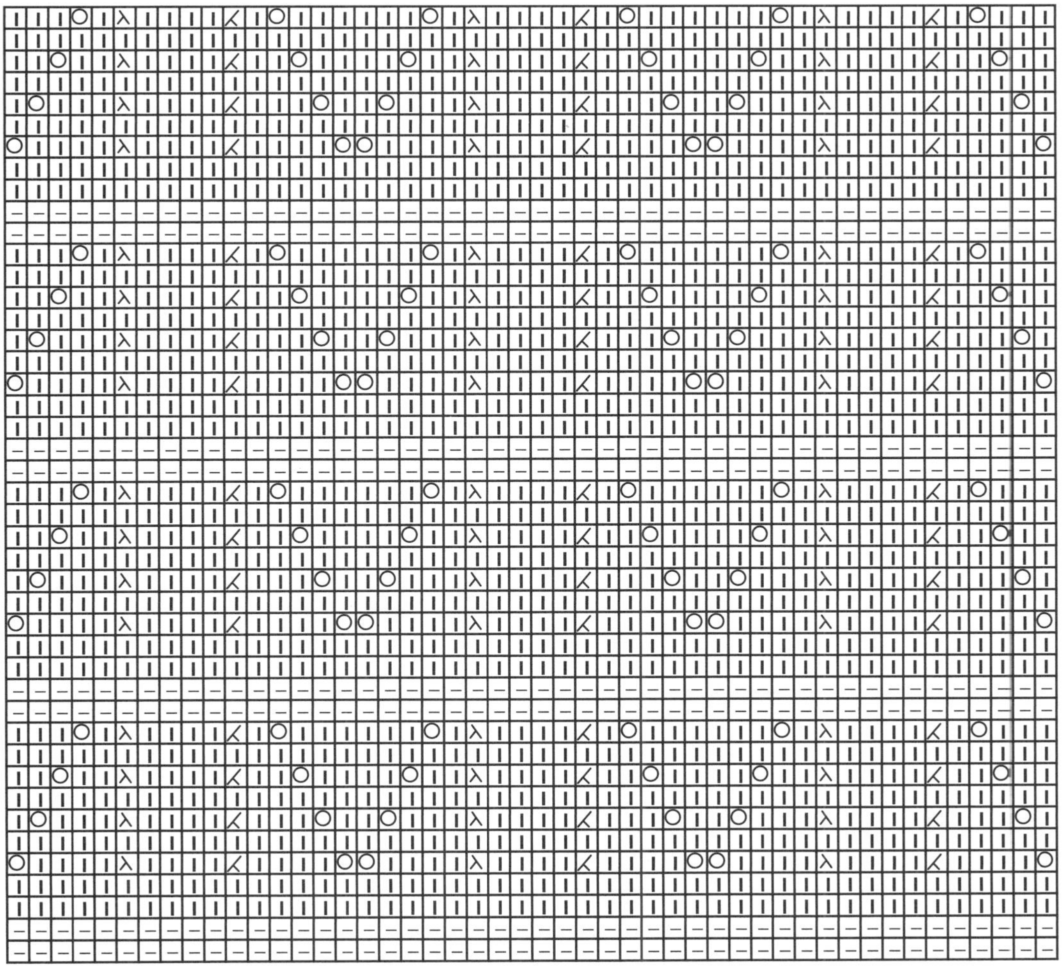

蛋糕花纹

43 连帽围巾

材　　料： 273规格纯毛粗线

用　　量： 250克

工　　具： 6号针

尺　　寸： 以实物为准

平均密度： 边长10厘米方块= 20针 × 25行

编织简述：

按图解织一条长围巾，在长围巾平边一侧挑织帽子。

编织步骤：

❶ 用6号针起52针，按排花往返织130厘米长形成长围巾。

❷ 从长围巾平边一侧，正中的28厘米位置挑出76针，按帽子排花往返向上织，同时在正中的2针左右隔1行加1针共加9次，然后向上直织。总长至29厘米时，在正中的2针左右再隔1行减1针减5次后，将帽片从内部对折缝合。

帽片排花：

7	8	1	44	1	8	7
锁链球球针	麻花针	反针	正针	反针	麻花针	锁链球球针

长围巾排花：

7	8	3	8	1	20	5
锁链球球针	麻花针	反针	麻花针	反针	对称树叶花	锯齿锁链针

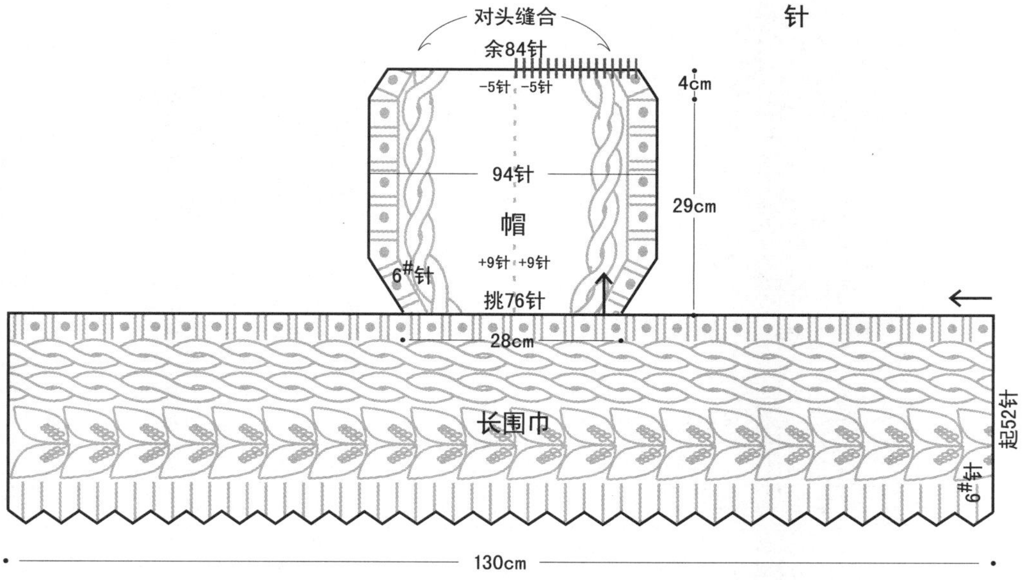

小提示:
挑织帽片时注意从长围巾的平边处挑针，有花边的一侧在下方。

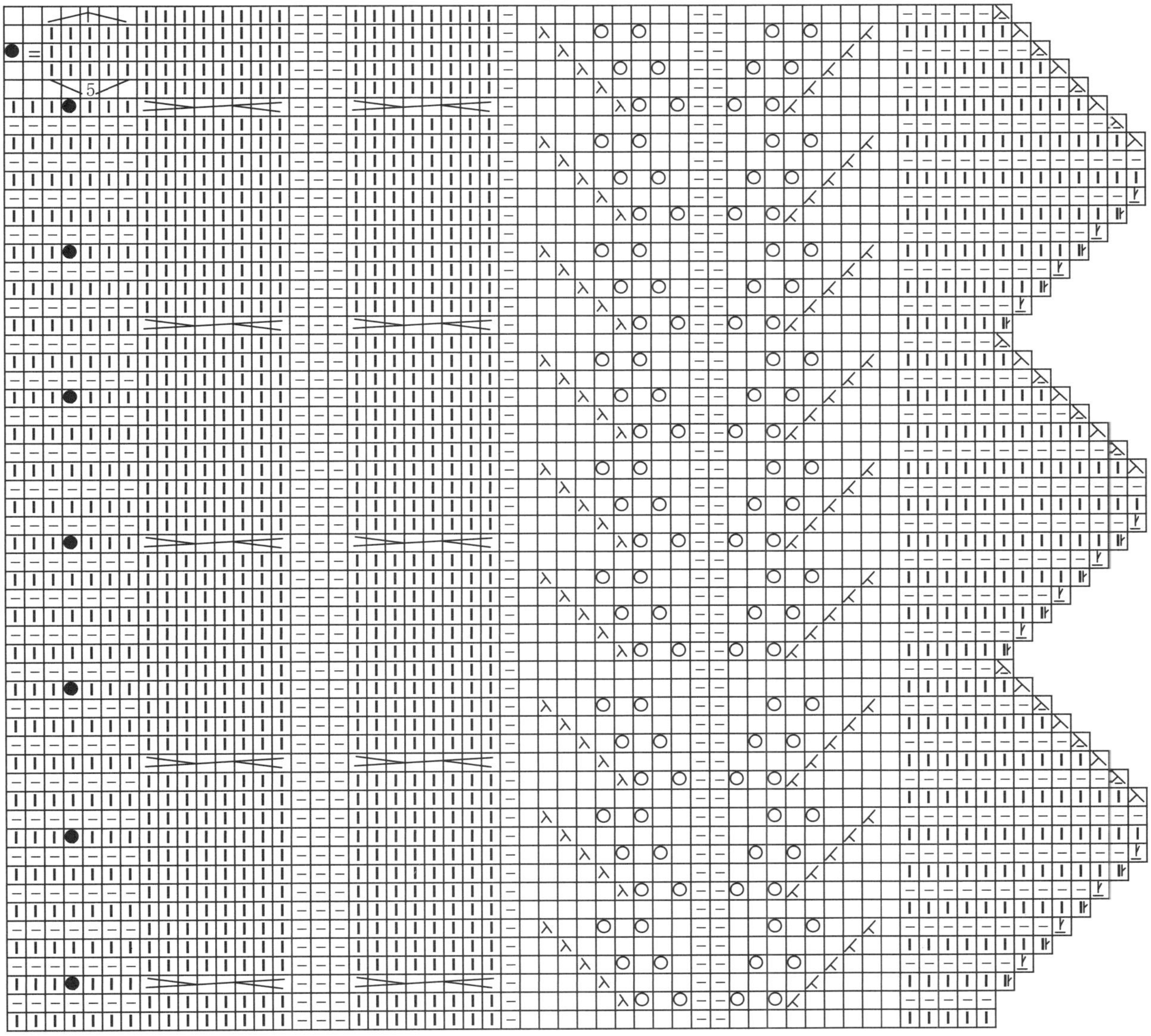

长围巾排花

44 长方形披肩式上衣

材　　料: 273规格纯毛粗线

用　　量: 550克

工　　具: 6号针、8号针

尺　　寸: 以实物为准

平均密度: 边长10厘米方块 = 20针 × 25行

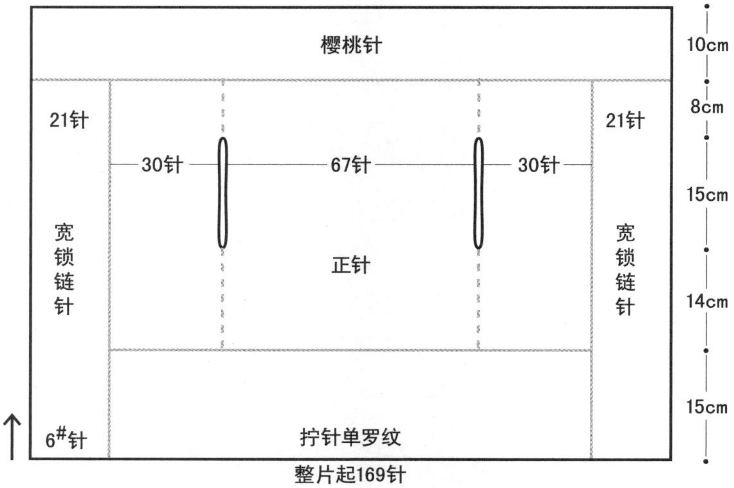

披肩排花:

21	127	21
宽锁链针	拧针单罗纹	宽锁链针

小提示:
长方形最后的10厘米位置为领和门襟。

编织简述:

按图织一个长方形，中间的两个长洞为袖窿口，从此处环形挑针向下织袖子。

编织步骤:

❶ 用6号针起169针，按排花往返向上织15厘米。

❷ 左右的21针宽锁链针不变，中间的127针拧针单罗纹改织正针。

❸ 总长至29厘米时，从中间的127针正针处分三片，分别为30针、67针、30针，向上直织15厘米后，再合成169针大片向上织8厘米，左右形成的长洞为袖窿口。

❹ 总长至52厘米时，改织10厘米樱桃针后收机械边。

❺ 袖从袖窿口处环形挑出44针，用6号针向下织正针，同时在袖腋处隔19行减1次针，每次减2针，共减4次。总长至40厘米时，改用8号针织4厘米拧针单罗纹后收机械边形成袖口。

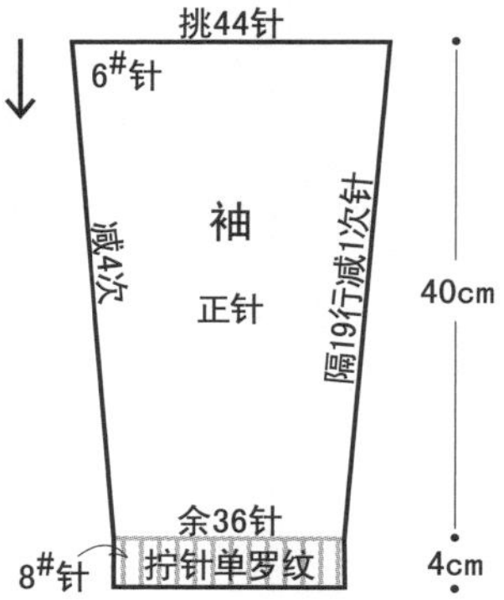

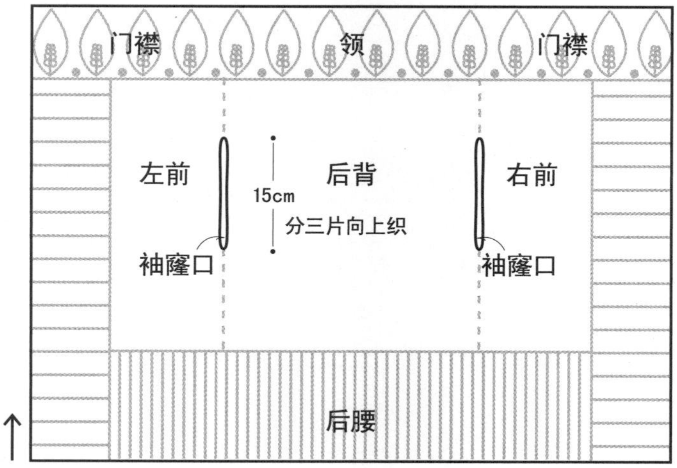

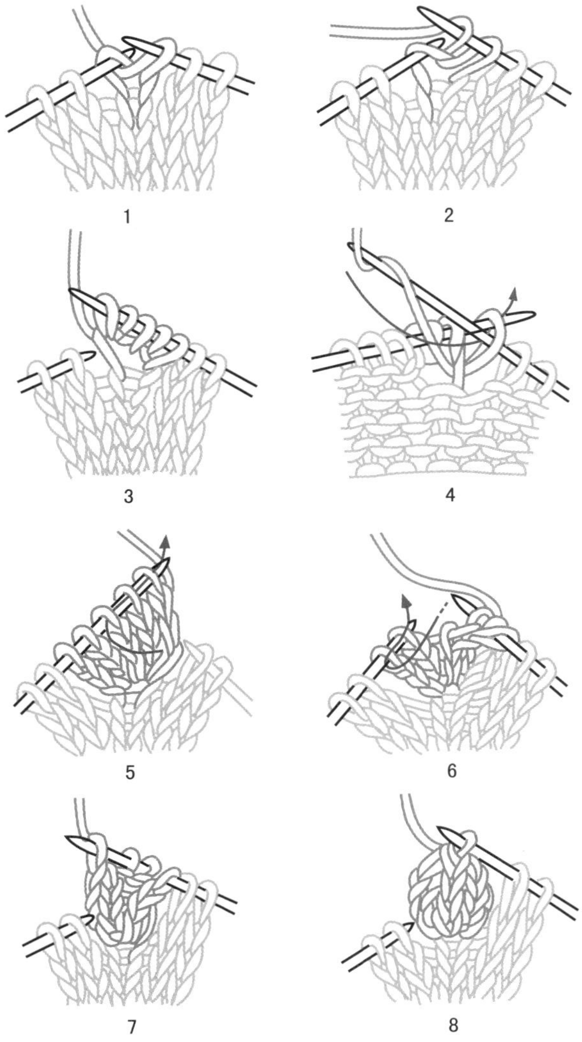

小球球的织法

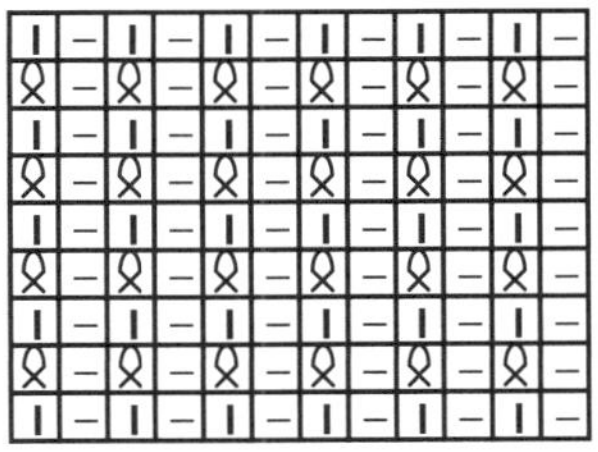

拧针单罗纹

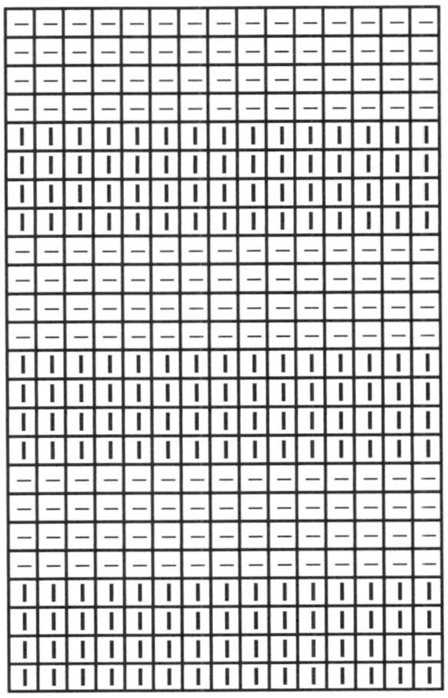

宽锁链针

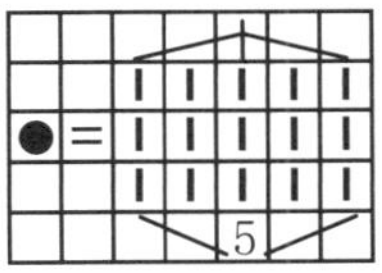

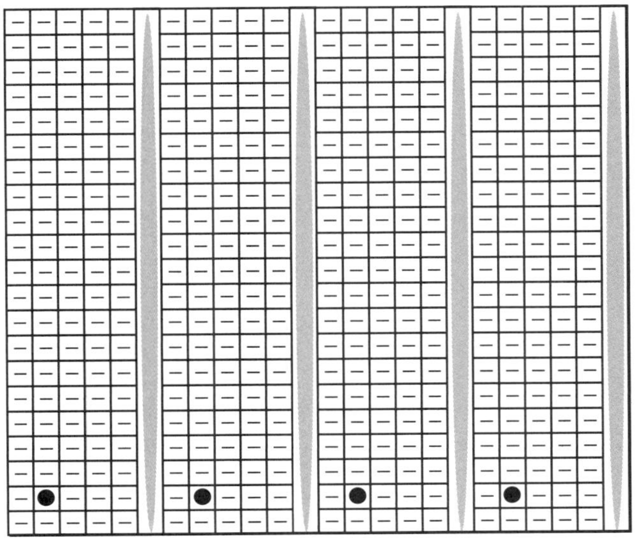

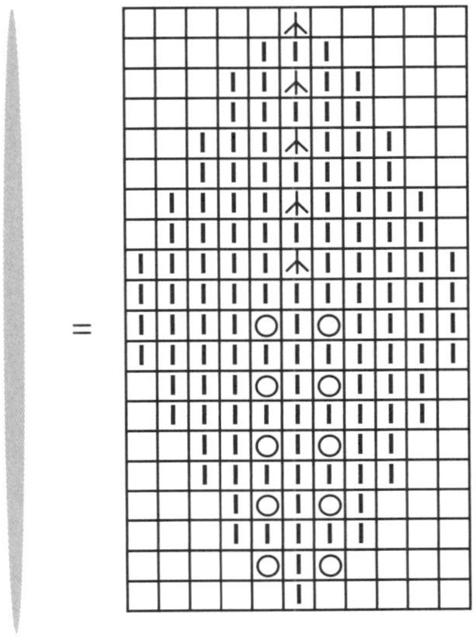

樱桃针

46 韩式波浪边开衫

材　　料： 273规格纯毛粗线

用　　量： 500克

工　　具： 6号针、8号针

尺　　寸： 以实物为准

平均密度： 边长10厘米方块 = 19针 × 25行

编织简述：

按图织一个长条，另线起针织一个后背片，将长条与后背片按要求缝合，最后挑针向下环形织袖子。

编织步骤：

❶ 用6号针起47针，按长条排花往返织124厘米后收针，注意两头花纹对称。

❷ 另线起119针，往返织13厘米双波浪凤尾针，统一减至68针改织5厘米铜钱花后，再改织12厘米正针并减袖窿：①平收腋一侧4针，②隔1行减1针减4次。总长至48厘米时收针，与长条正中的28厘米位置缝合，并按相同字母缝合两肋。

❸ 缝合两部分后形成袖窿口，从此处环形挑出44针，用6号针按袖子排花环形织38厘米后，换8号针改织10厘米拧针单罗纹并收机械边形成袖口。

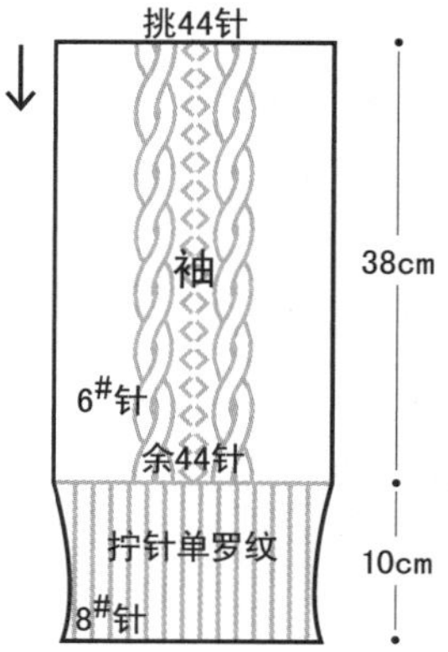

袖子排花：

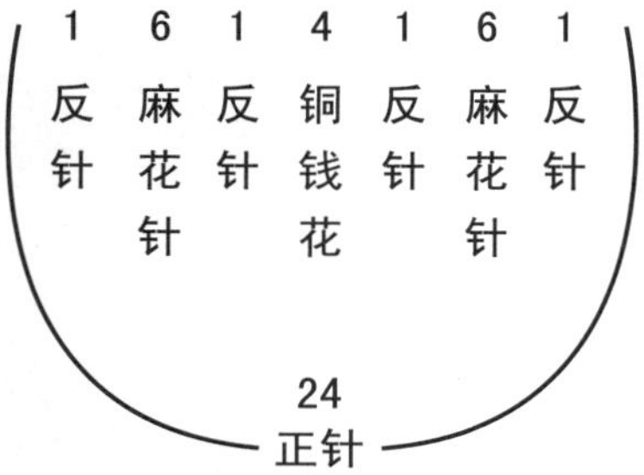

小提示：
缝合各处时注意整齐并保持松紧适中。

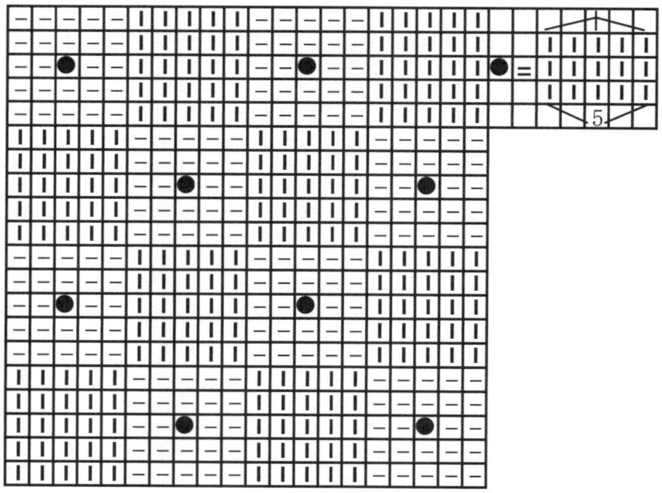

种植园针

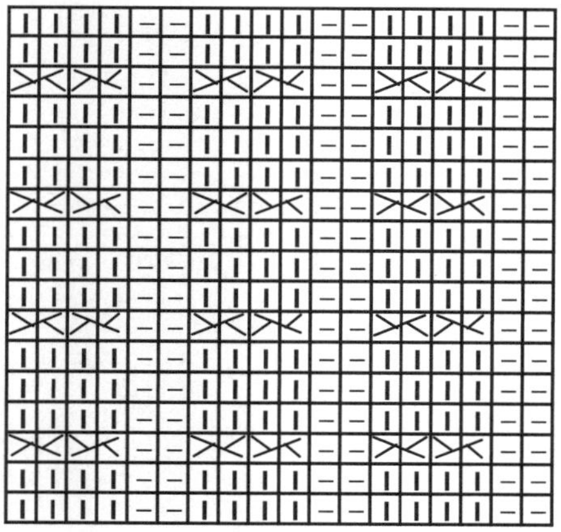

铜钱花

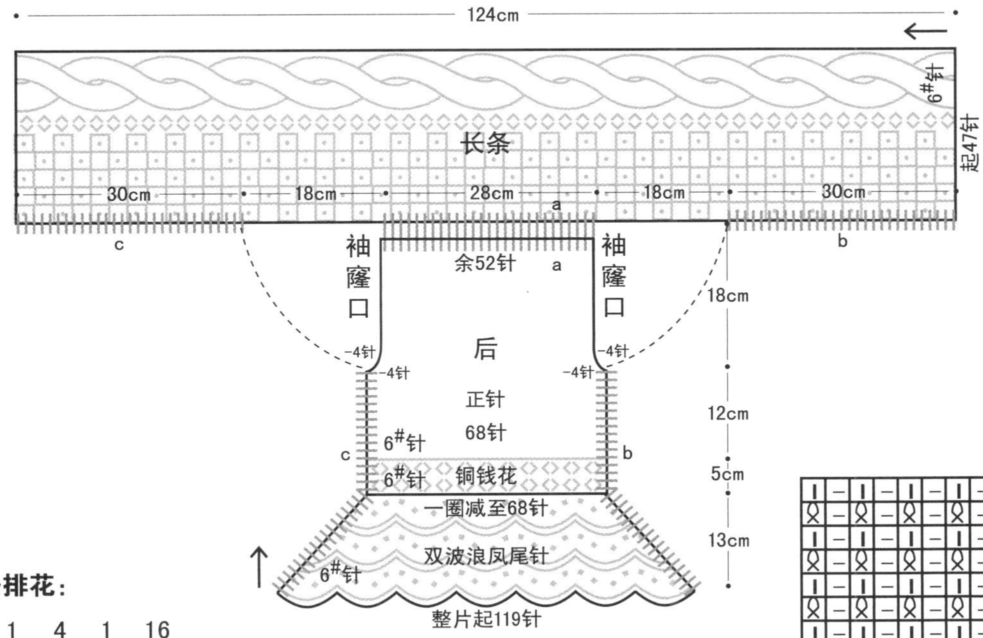

长条排花：

25	1	4	1	16
种植园针	反针	铜钱花	反针	麻花针

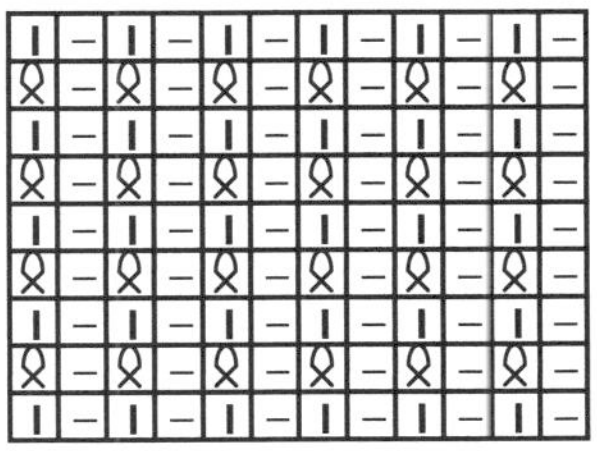

拧针单罗纹

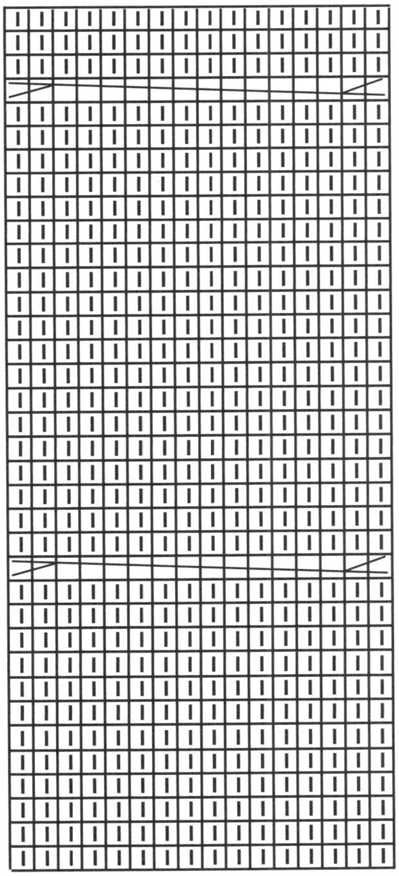

麻花针

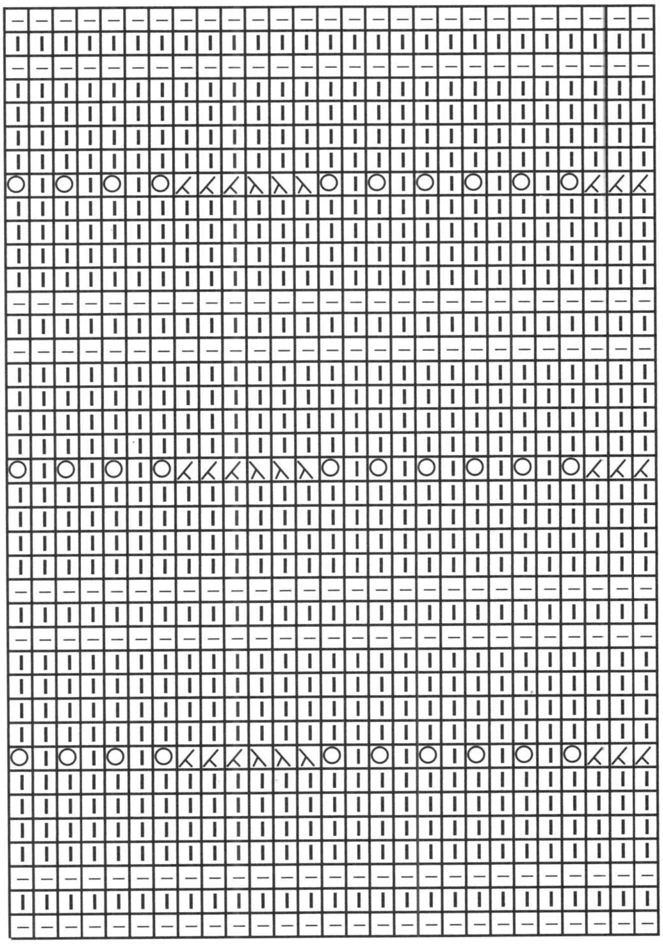

双波浪凤尾花

47 精致的小帽衫

材　　料： 273规格纯毛粗线

用　　量： 450克

工　　具： 6号针、8号针

尺　　寸： 以实物为准

平均密度： 边长10厘米方块= 19针 × 25行

编织简述：

按图分别织好后片、左片和右片。将三片在肋部缝合后，余针挑织帽子。另线起针织袖子，最后与正身袖窿口整齐缝合。

编织步骤：

❶用8号针起70针，往返织1厘米拧针单罗纹后，换6号针按后片排花往返向上织20厘米，在7针宽锁链针的内侧隔1行减1针减14次，余针向上直织至18厘米处完成后片。

❷左片起49针用8号针往返织1厘米拧针单罗纹后，换6号针按左片排花往返向上织20厘米，然后在7针宽锁链针的内侧隔1行减1针减14次，余针向上直织，至18厘米处完成左片。右片与左片编织方法相同，注意排花左右片对称。

❸将三片合在一起在肋部缝合，并按相同字母缝合7针宽锁链针形成肩头，余下的84针合成一大片按帽子排花往返向上织帽片，同时在正中的左右隔1行加1针加4次，帽长至30厘米时，在正中隔1行减1针共减3次，整片余86针时对折，按相同字母缝合形成帽子。

❹袖口用8号针起40针，环形织4厘米拧针单罗纹后，换6号针按排花环形向上织，同时在袖腋处隔19行加1次针，每次加2针，共加4次。总长至42厘米时减袖山：①平收腋正中8针，②隔1行减1针减13次。余针平收，与正身整齐缝合。

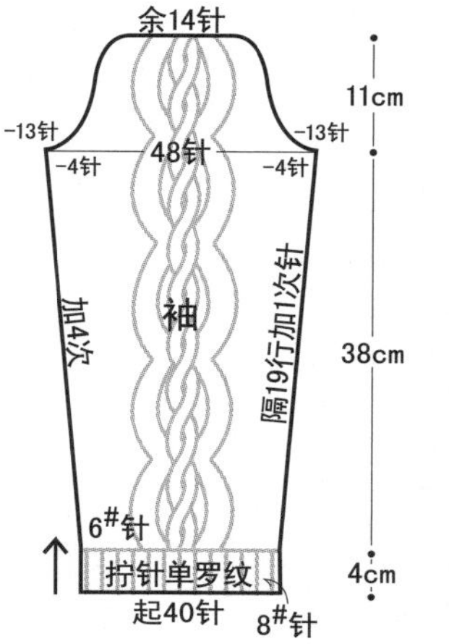

袖子排花：

7	1	20	1	7
宽锁链针	反针	如意花	反针	宽锁链针

4 正针

小提示：
完成后片和左右片时，取其肩部的7针缝合形成肩头。

左前片排花：

7	1	20	1	13	7
宽锁链针	反针	如意花	反针	正针	宽锁链针

帽子排花：

7	1	20	1	26	1	20	1	7
宽锁链针	反针	如意花	反针	正针	反针	如意花	反针	宽锁链针

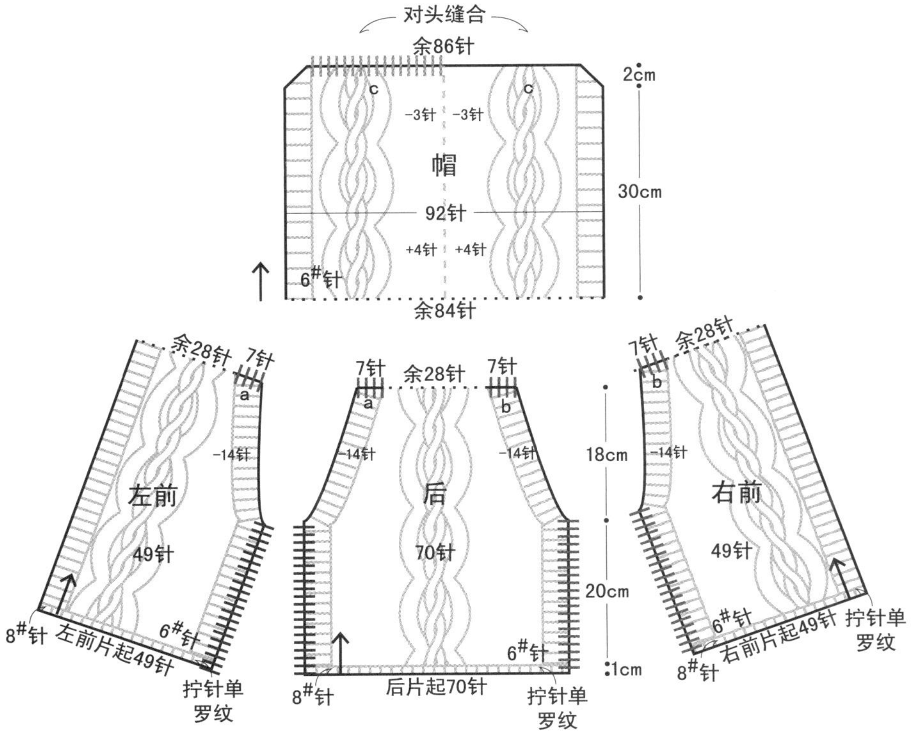

右前片排花：

7	13	1	20	1	7
宽锁链针	正针	反针	如意花	反针	宽锁链针

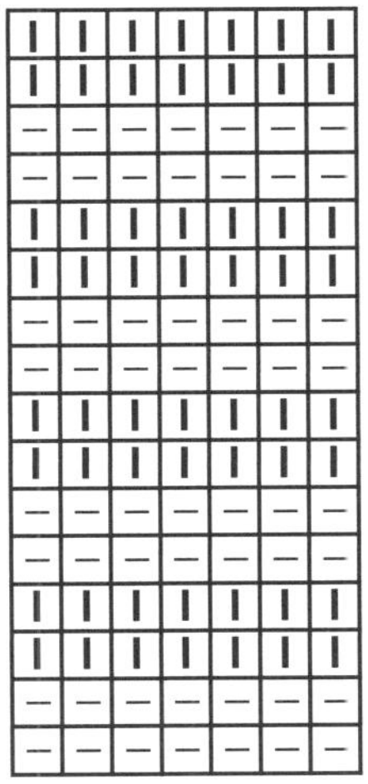

宽锁链针

后背排花：

7	17	1	20	1	17	7
宽锁链针	正针	反针	如意花	反针	正针	宽锁链针

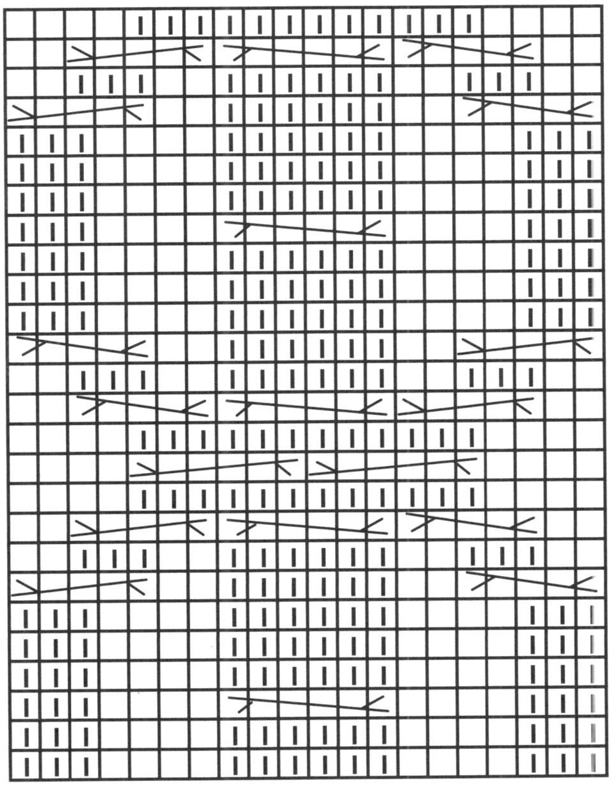

如意花

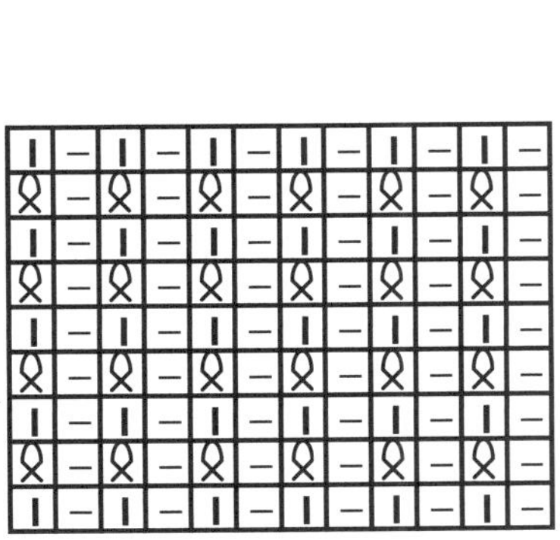

拧针单罗纹

49 低领短款女装

材　　料： 278规格纯毛粗线

用　　量： 400克

工　　具： 6号针、8号针、9号针

尺　　寸： 衣长51厘米、袖长56厘米、胸围71厘米、肩宽25厘米

平均密度： 边长10厘米方块 = 19针 × 25行

编织简述：

从下摆起针后环形向上织，相应长度后减领口，之后减袖窿，前后肩头缝合后挑织领子；袖口起针后环形向上织，同时在袖腋处规律加针至腋下，减袖山后余针平收，与正身整齐缝合。

编织步骤：

❶ 用8号针起136针，环形织10厘米拧针单罗纹。

❷ 换6号针改织正针，总长至15厘米时减领口：①将前片从正中均分，在每片边沿每行减1针减6次，②隔1行减1针减6次，余针向上直织。

❸ 总长至33厘米时减袖窿：①平收腋正中10针，②隔1行减1针减5次。后片最后2厘米应平收正中18针，在18针的左右隔1行减1针减3次，前后肩头各取12针缝合后，用9号针从领口处挑出150针，环形织3厘米拧针单罗纹后形成领子。

❹ 袖口用8号针起40针，环形织4厘米拧针单罗纹后，换6号针按排花环形向上织，同时在袖腋处隔17行加1次针，每次加2针，共加5次。总长至44厘米时减袖山：①平收腋正中10针，②隔1行减1针减13次。余针平收，与正身整齐缝合。

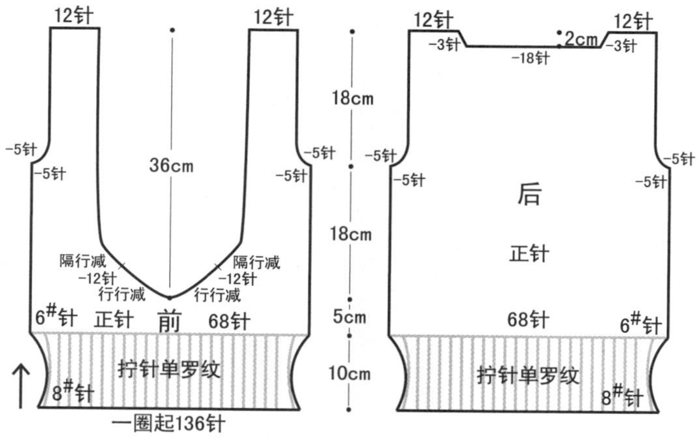

袖子排花：

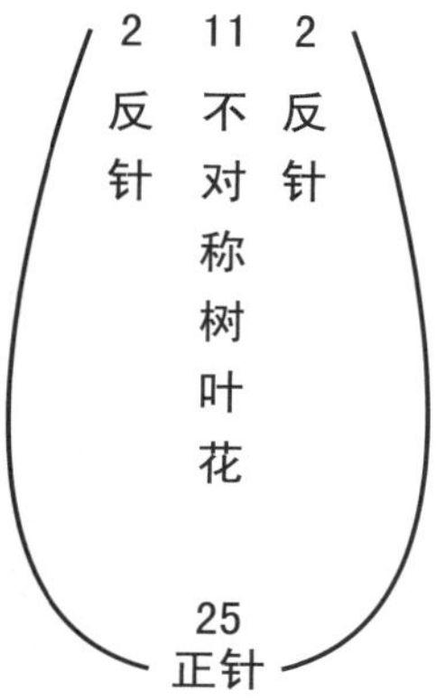

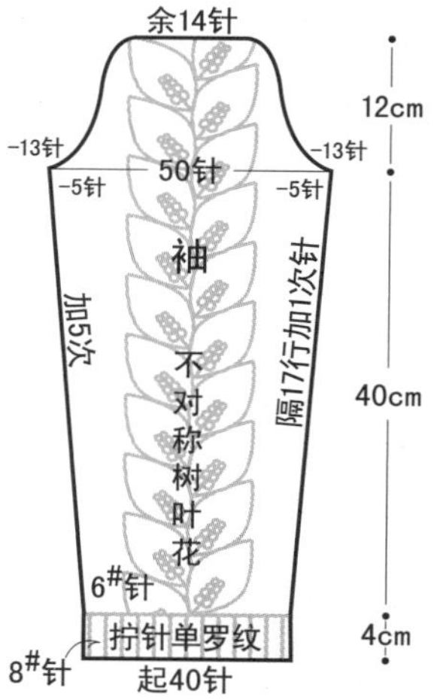

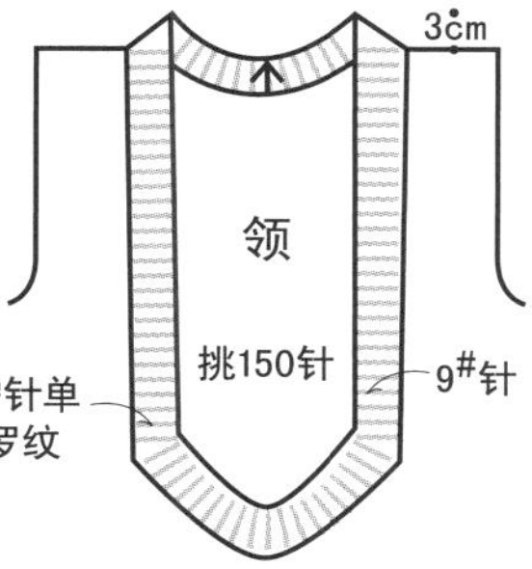

小提示:

领边完成后注意紧收针，
避免领边松懈。

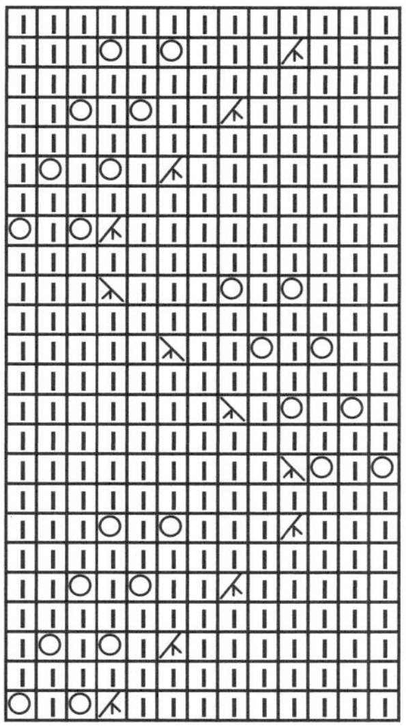

不对称树叶花

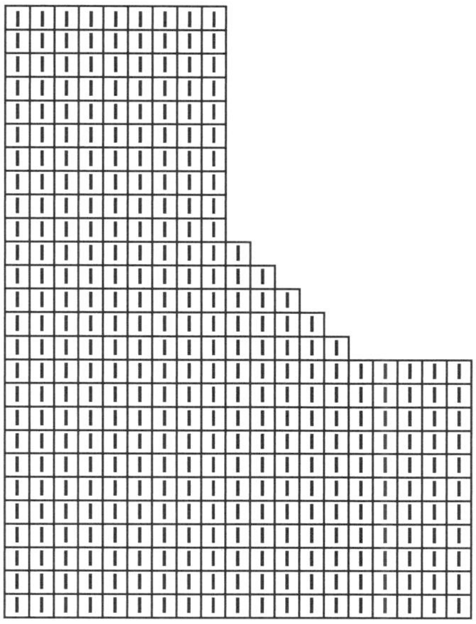

袖窿减针方法

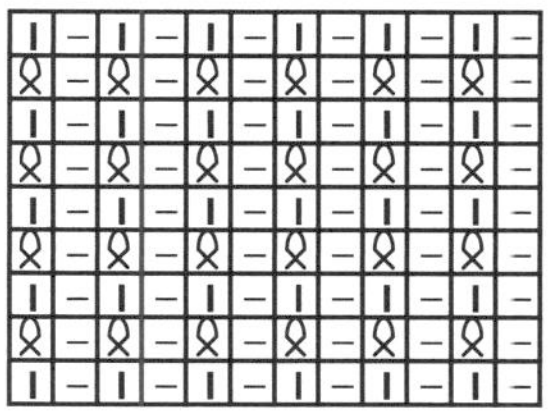

拧针单罗纹

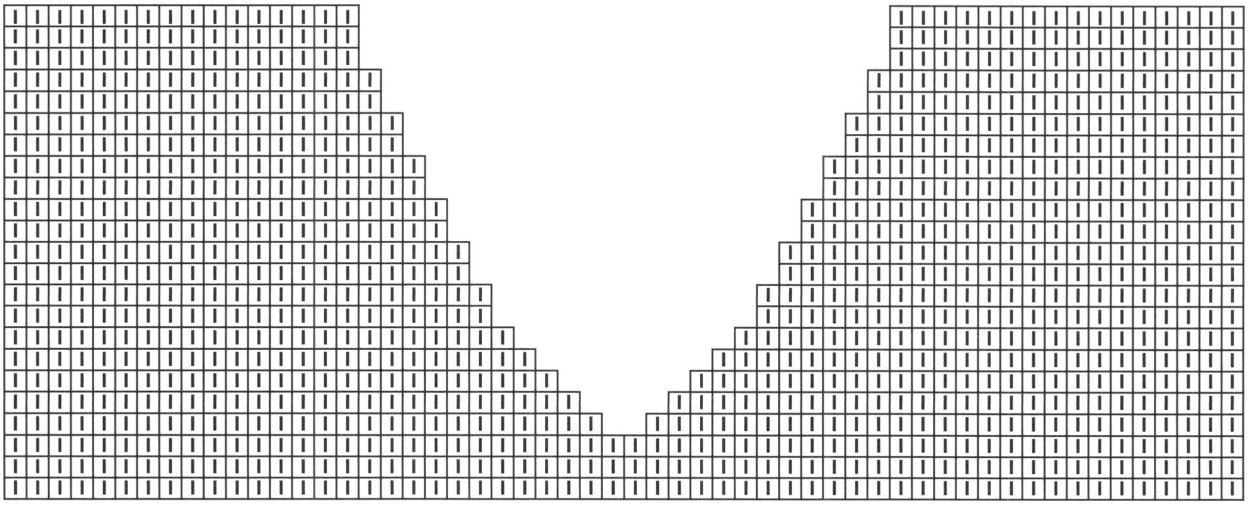

领口减针方法

51 撞色皮草披肩

材料： 286规格纯毛粗线

用量： 650克

工具： 6号针

尺寸： 以实物为准

平均密度： 边长10厘米方块 = 22针 × 24行

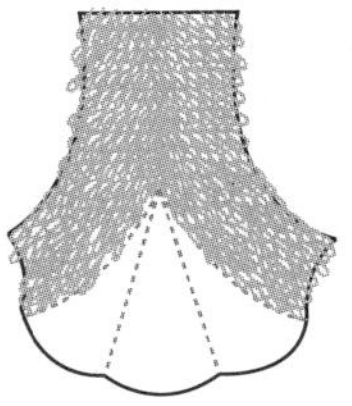

1

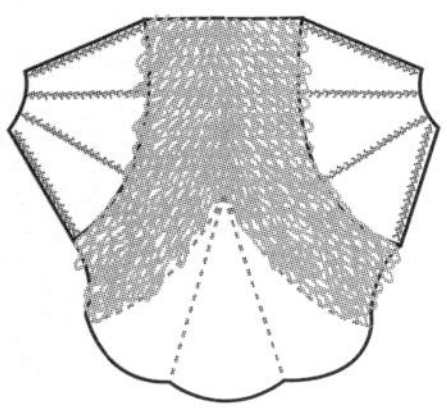

2

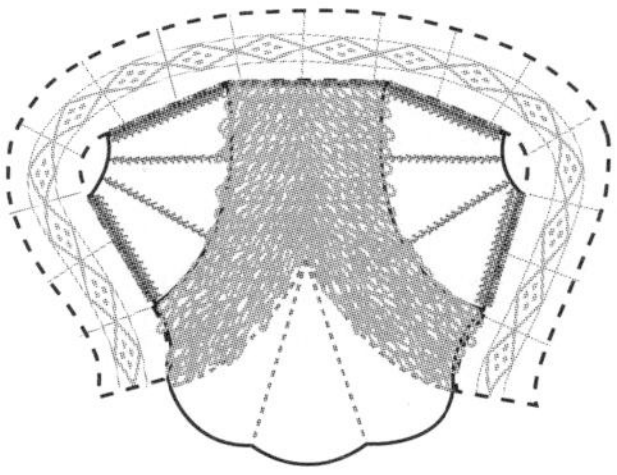

3

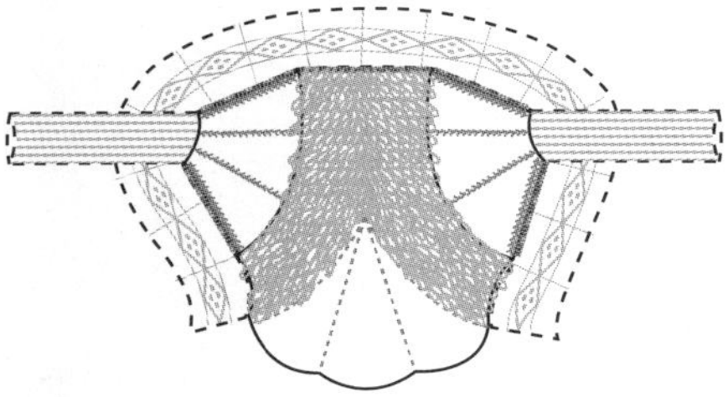

4

编织简述：

从后腰处起针按排花织片，后腰正中按规律减针，左右花纹合在一起再向上织后背，然后在侧面挑织袖片，按规律减针后，余针待织；另线起针织一条长围巾，按图侧缝合于门襟、领口、后脖处；开口为袖窿口，从此处挑针后向下织袖子。

编织步骤：

❶ 用6号针起137针，按后腰排花往返向上织。

❷ 左右34针绵羊圈圈针向上直织，中间的69针拧针单罗纹共分三份，在每份内规律减针：①隔1行减1针减10次，②隔3行减1针减13次。减完69针后，余68针继续向上织28厘米绵羊圈圈针后收平边。

❸ 用6号针分别从两侧挑出所有针目织袖边，第2行时减至91针后织拧针单罗纹并分三份，隔1行在每份内减1针减16次，余27针串起待织。

❹ 用6号针另线起43针，按长围巾排花往返织160厘米后收针，并侧缝合在门襟、领口、后脖处。

❺ 袖子：从围巾一侧挑出25针，与待织的27针合成52针后，一次性减至40针环形织40厘米拧针双罗纹形成袖子。

长围巾排花：

13	1	15	1	13
桂花针	反针	四季豆针	反针	桂花针

桂花针

小提示：
绵羊圈圈长度以3厘米为宜。

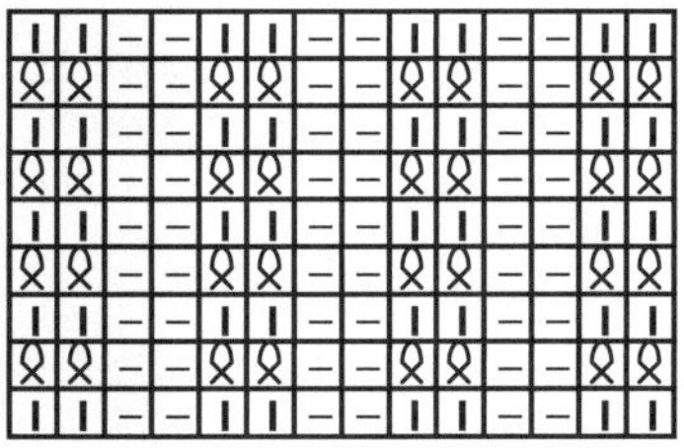

拧针双罗纹

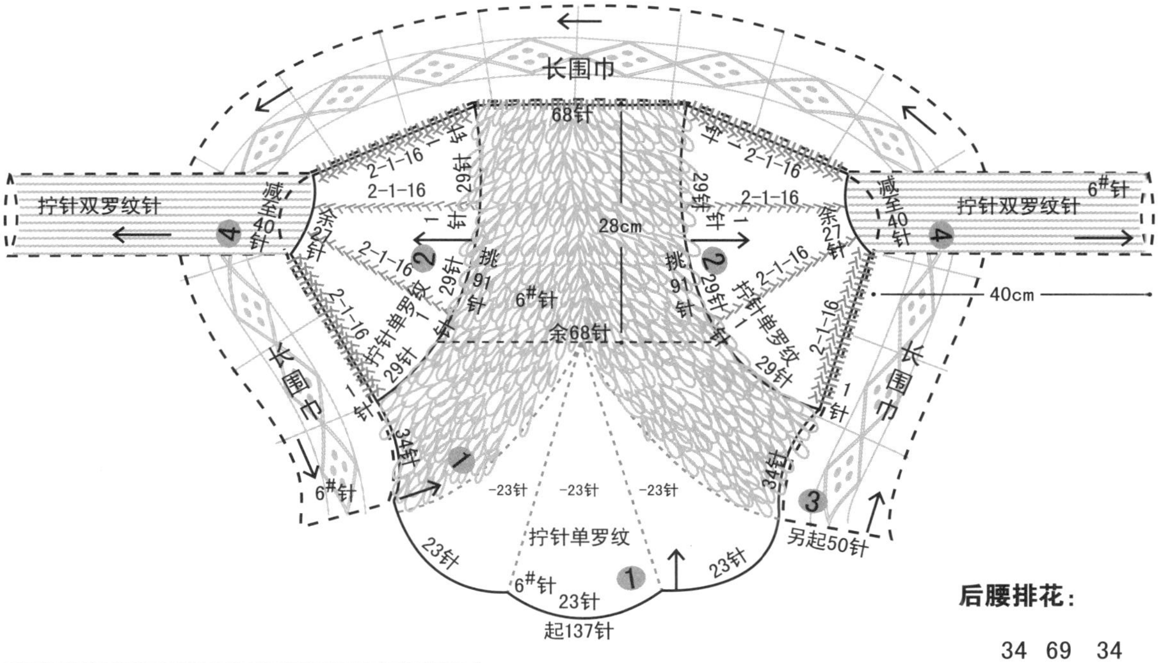

后腰排花：

34	69	34
绵羊圈圈针	拧针单罗纹	绵羊圈圈针

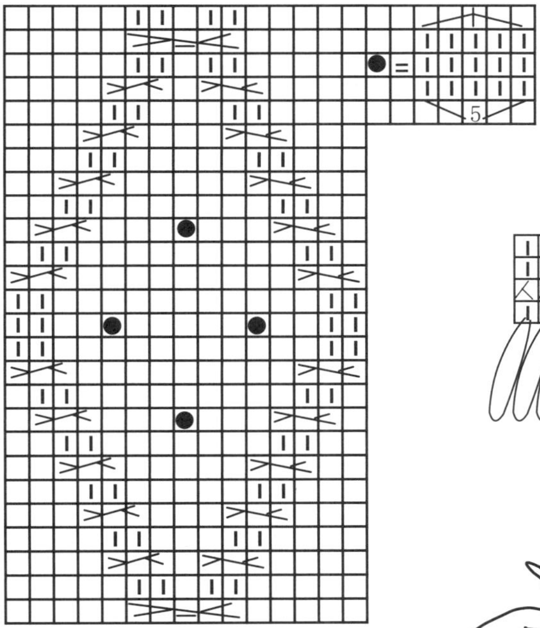

四季豆针

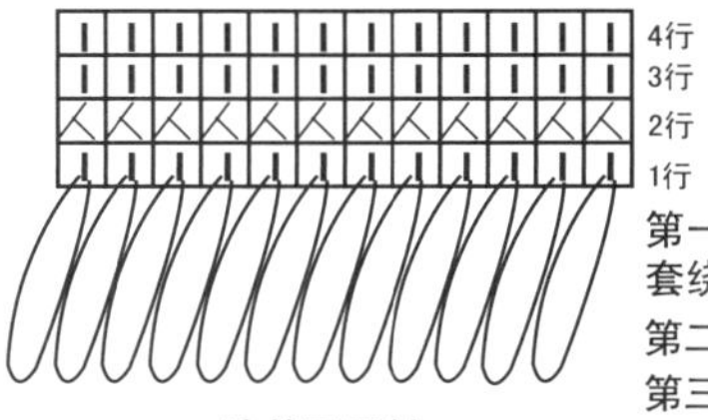

绵羊圈圈针

第一行：右食指绕双线织正针，然后把线套绕到正面，按此方法织第2针。
第二行：由于是双线所以2针并1针织正针。
第三、四行：织正针，并拉紧线套。
第五行以后重复第一到第四行。

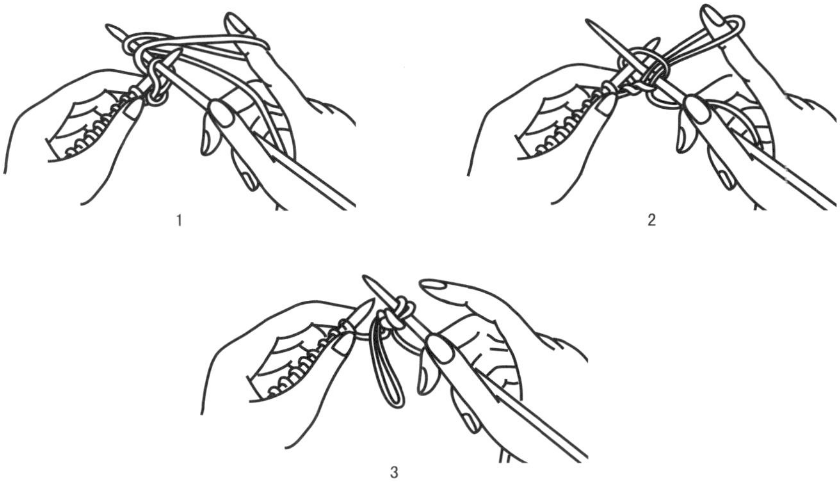

绵羊圈圈针

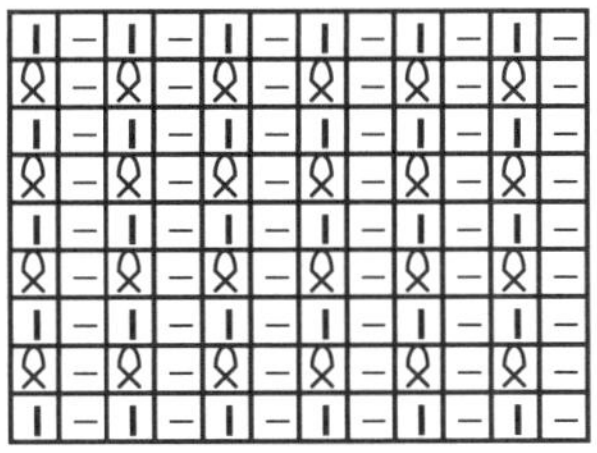

拧针单罗纹

52 脖套多穿披肩

材　　料： 273规格纯毛粗线

用　　量： 550克

工　　具： 6号针

尺　　寸： 以实物为准

平均密度： 边长10厘米方块 = 19针 × 25行

编织简述：

环形织一个脖套，往返织一条长围巾，按要求缝合后形成多穿的披肩。

编织步骤：

❶ 用6号针起72针，环形织20厘米对称树叶花后收针形成脖套。

❷ 另线起50针往返织140厘米对称树叶花后收针形成长围巾。

❸ 将脖套收针一侧与长围巾正中的18厘米处缝合。

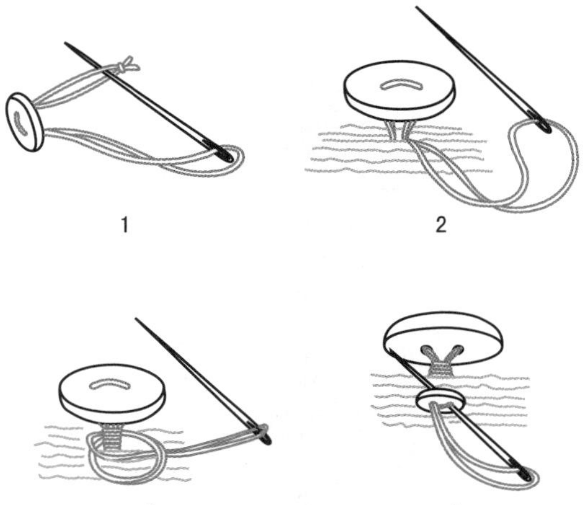

纽扣缝法

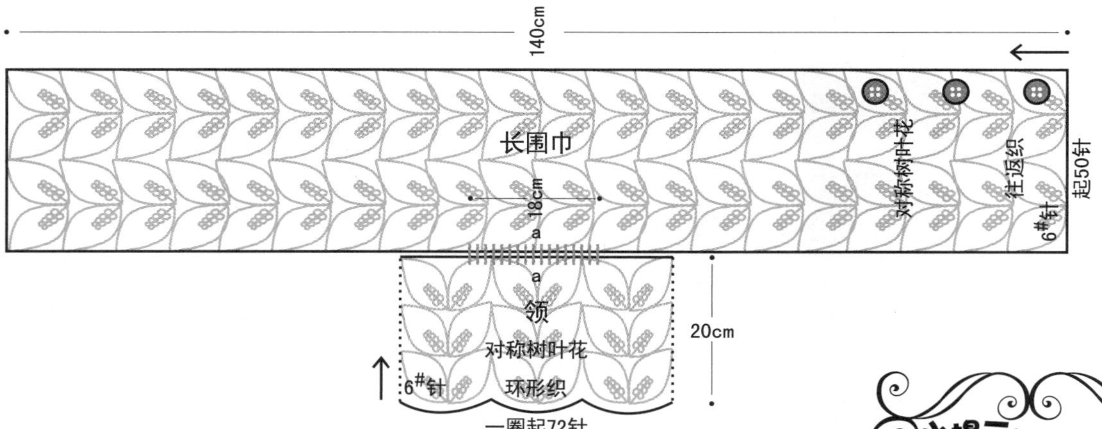

小提示：
脖套在收针处与长围巾连接，起针处为领边。

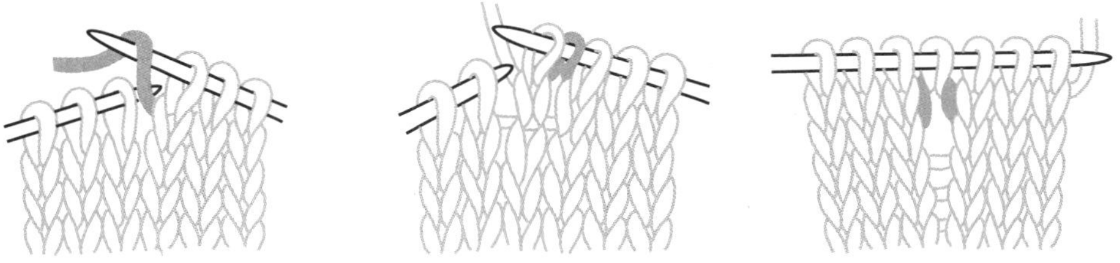

1　　2　　3

空加针方法

1　　2　　3　　4

绕线起针法

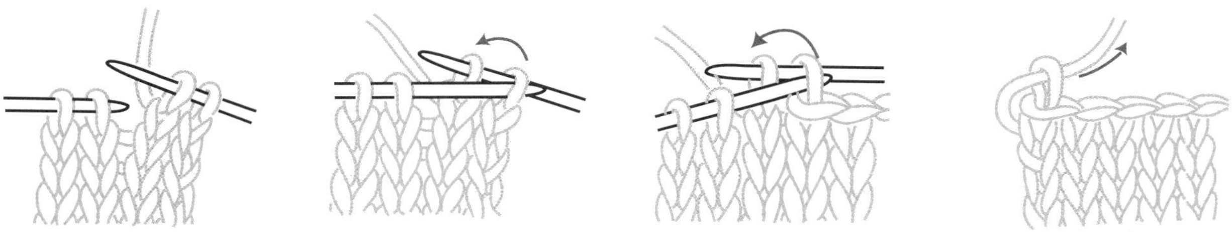

1　　2　　3　　4

收平边

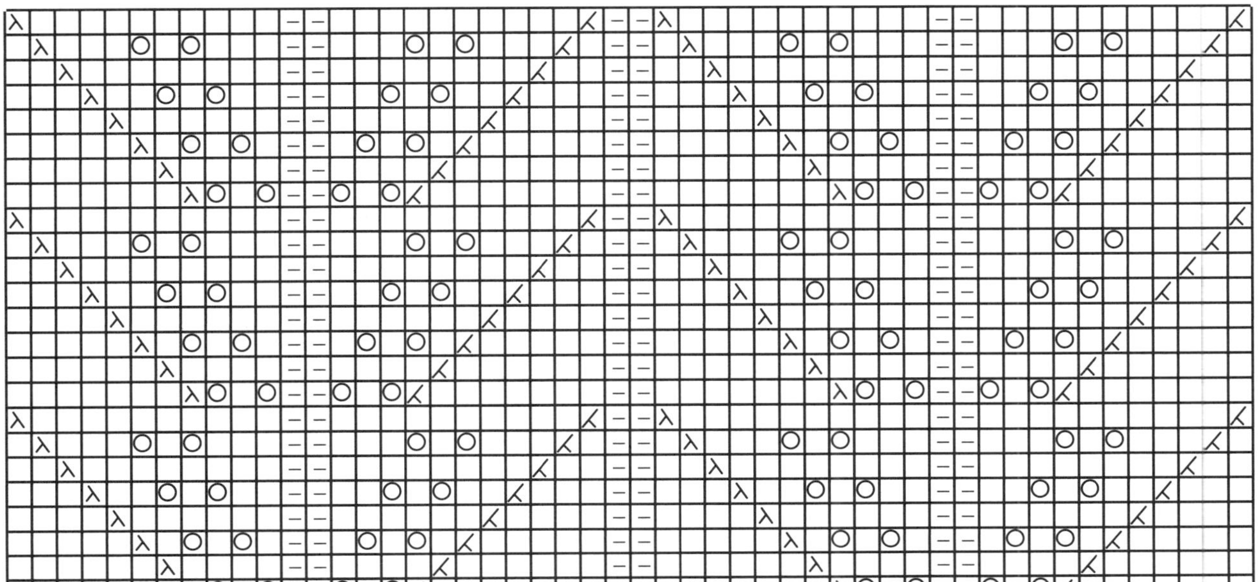

对称树叶花

54 樱桃花叶小披

材　　料： 278规格纯毛粗线

用　　量： 300克

工　　具： 6号针、8号针

尺　　寸： 以实物为准

平均密度： 边长10厘米方块 = 20针 × 25行

编织简述：

按花纹往返向上织一个倒置的凸形，按相同字母缝合后形成可颠倒穿的小披肩。

编织步骤：

1. 用8号针起70针，往返织4厘米拧针双罗纹。
2. 换6号针按排花往返向上织16厘米后，在58针的两侧各平加80针，加出针目织4厘米拧针双罗纹，中间的58针依然按原花纹向上织。
3. 此时整片共230针，总长至24厘米后，统一减至157针往返织10厘米樱桃针后收机械边。
4. 按相同字母缝合后形成小披肩。

后片排花：

6	8	6	9	12	9	6	8	6
锁链针	反针	麻花针	小荷针	对拧麻花针	小荷针	麻花针	反针	锁链针

小提示：
樱桃针部分为下摆和门襟。

拧针双罗纹

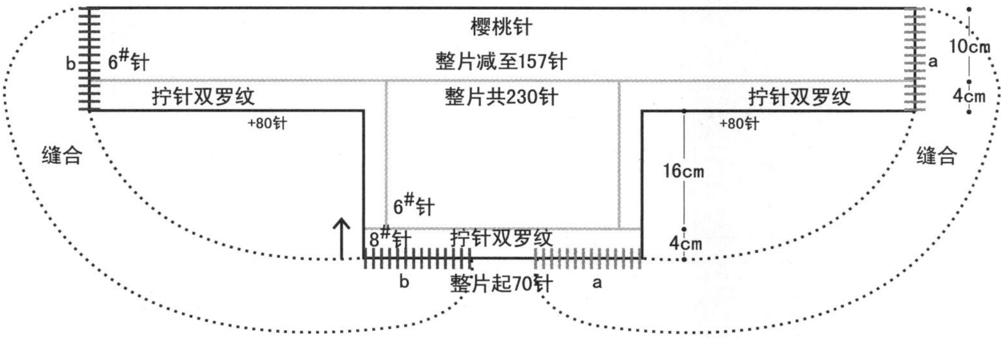

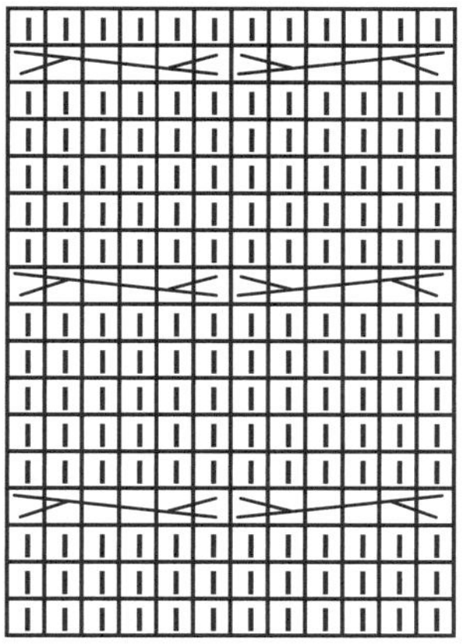

对拧麻花针

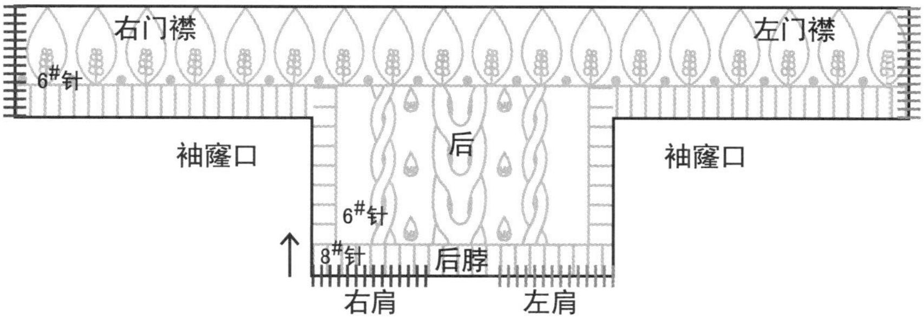

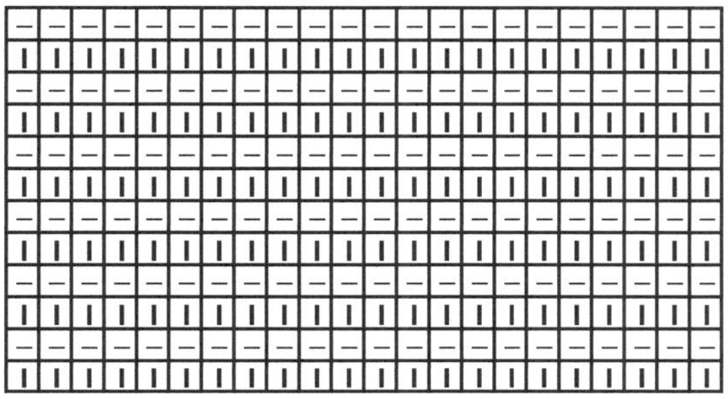

锁链针

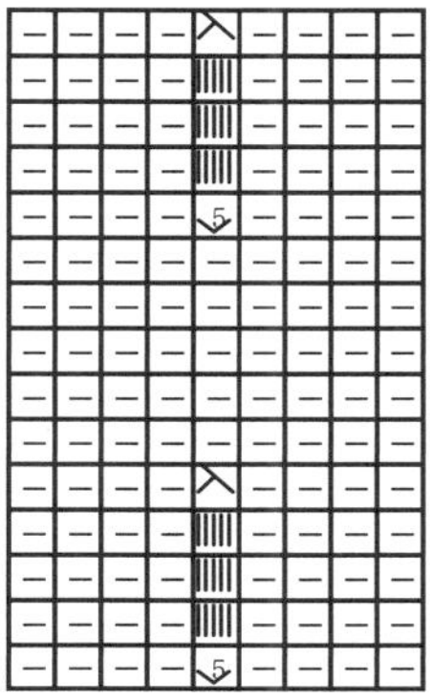

小荷针

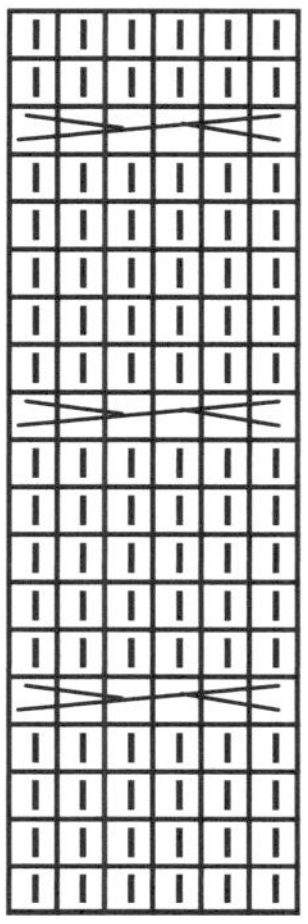

麻花针

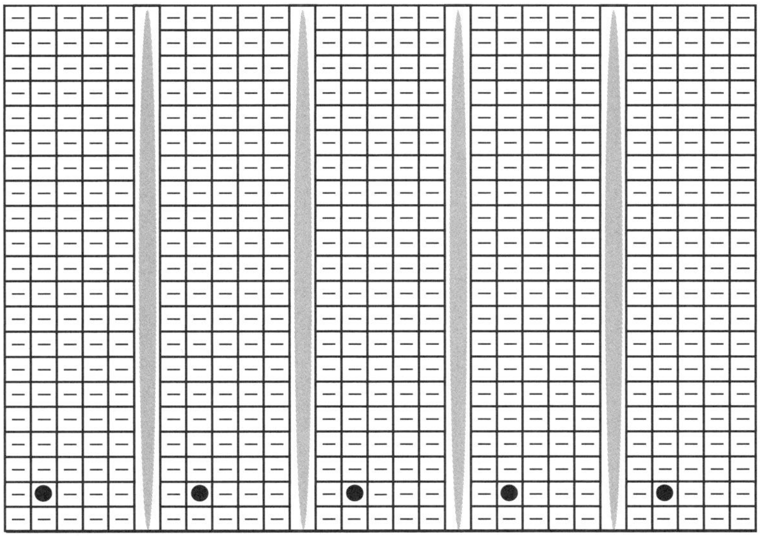

樱桃针

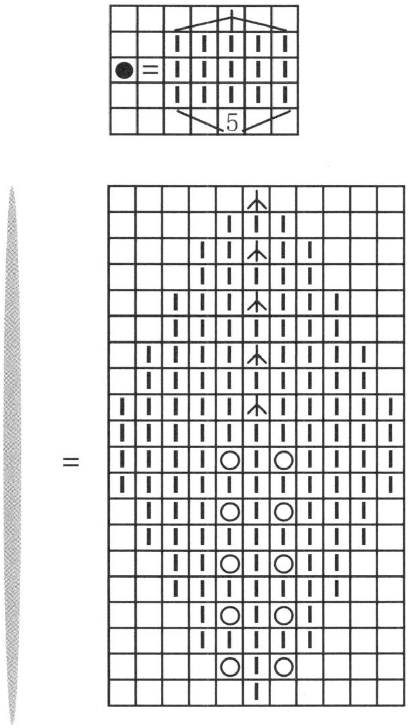

55 创意无限的开衫

材　　料: 278规格纯毛粗线

用　　量: 550克

工　　具: 6号针、8号针

尺　　寸: 以实物为准

平均密度: 边长10厘米方块 = 20针 × 25行

编织简述:

按排花织一条长围巾，照图缝合后，形成围巾环。在围巾环的内侧挑织后背片，然后按相同字母缝合两肋和后脖，形成的两个长洞为袖窿口，最后织袖子，与袖窿口整齐缝合。

编织步骤:

❶ 用6号针起36针，按排花往返织一条166厘米长的围巾。

❷ 将围巾按图缝合形成圆环状。

❸ 在围巾环的下沿挑出66针，用6号针按后背排花往返向上织，至20厘米后减袖窿：①平收腋正中8针，②隔1行减1针减4次。余50针平收，与围巾环上沿的25厘米处缝合。同时按相同字母将后背片两肋与围巾环缝合。袖窿不缝。

❹ 用8号针起40针，环形织15厘米拧针双罗纹后，换6号针按排花环形向上织，同时在袖腋处隔11行加1次针，每次加2针，共加6次。总长至44厘米时减袖山：①平收腋正中8针，②隔1行减1针减13次。余针平收，与袖窿口整齐缝合。

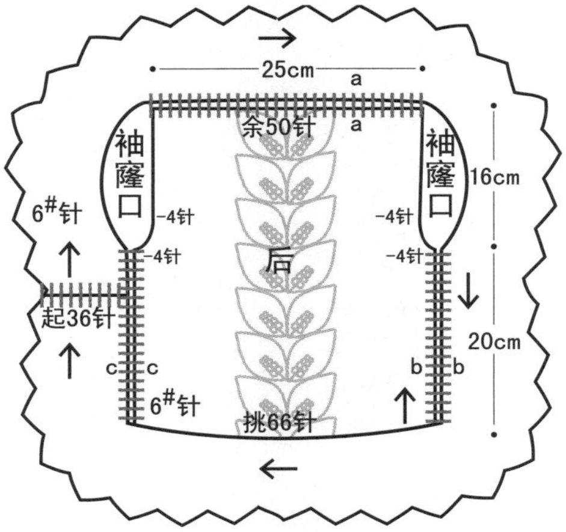

围巾排花:

9	1	20	1	5
辫子麻花针	反针	横条纹针	反针	锯齿锁链针

小提示:
在围巾环内挑织后背片时注意保持整体密度一致。

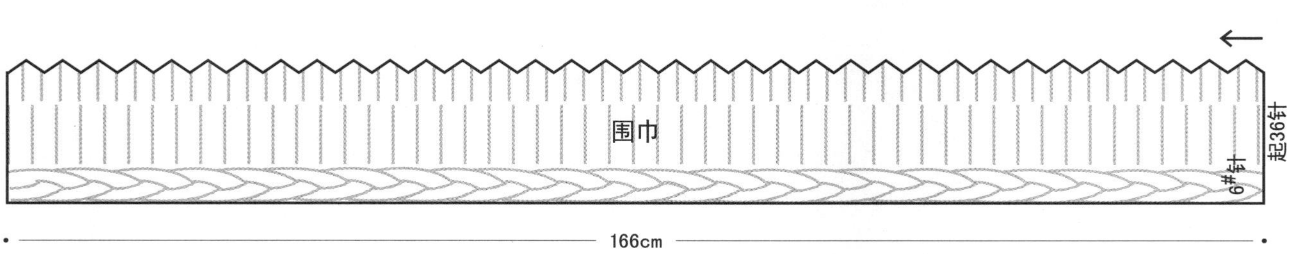

袖子排花：

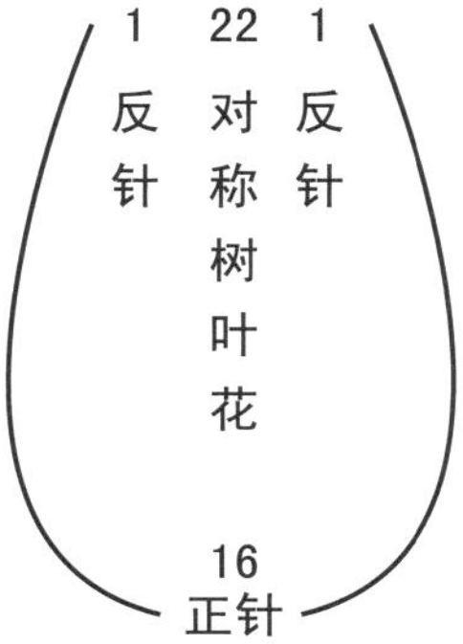

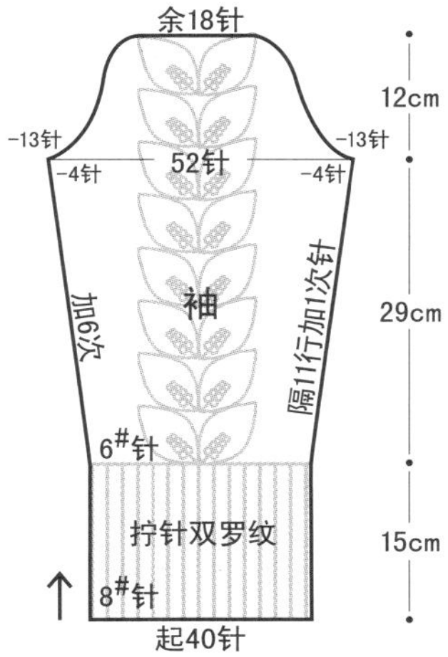

后背排花：

21	1	22	1	21
正针	反针	对称树叶花	反针	正针

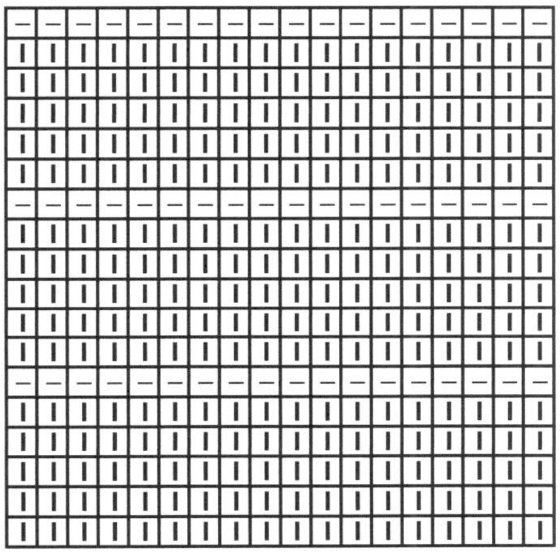

横条纹针

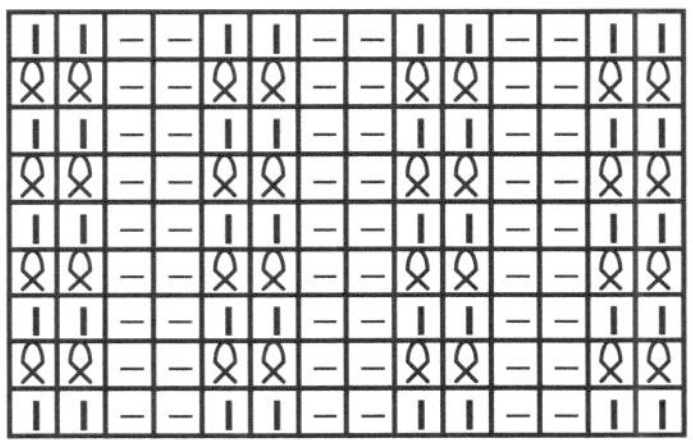

拧针双罗纹

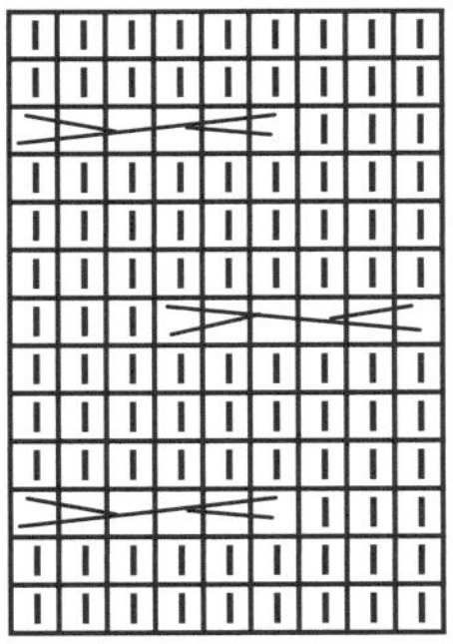

辫子麻花针

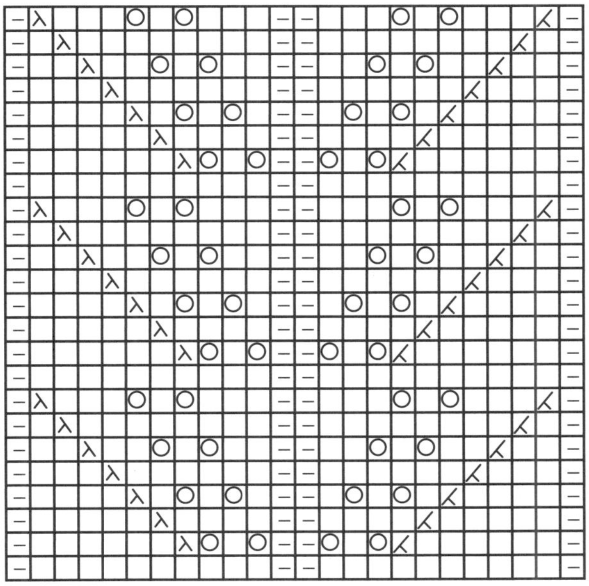

对称树叶花

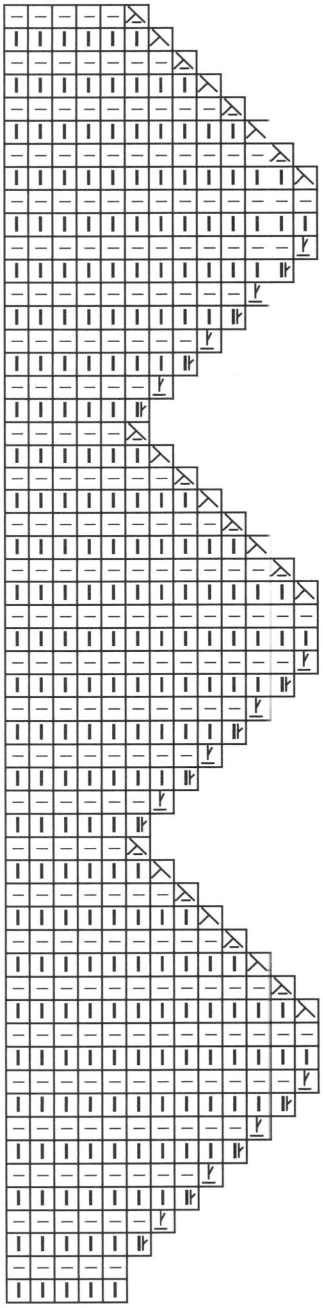

锯齿锁链针

56 玉扇花连衣裙

材　　料： 273规格纯毛粗线

用　　量： 550克

工　　具： 6号针、8号针

尺　　寸： 裙长61厘米、袖长54厘米、胸围69厘米、肩宽26厘米

平均密度： 边长10厘米方块 = 19针 × 25行

编织简述：

从裙下摆起针环形向上织，统一减针后向上织正身，先减袖窿后减领口，前后肩头缝合后挑织领子；袖口起针后环形向上织，同时在袖腋处规律加针至腋下，减袖山后余针平收，与正身整齐缝合。

小提示：
下摆的玉扇花完成后，应均匀减至128针向上织正身。

编织步骤：

❶ 用6号针起210针，环形织15厘米玉扇花。
❷ 不换针统一减至132针后改织正针。
❸ 总长至43厘米时减袖窿：①平收腋正中8针，②隔1行减1针减4次。
❹ 距后脖9厘米时减领口：①平收领正中12针，②隔1行减3针减1次，③隔1行减2针减1次，④隔1行减1针减1次，余针向上直织。前后肩头缝合后，从领口处挑出88针，用8号针环形织8厘米拧针单罗纹后收机械边形成高领。
❺ 袖口用6号针起63针，环形织15厘米玉扇花后，统一减至36针改织正针，同时在袖腋处隔13行加1次针，每次加2针，共加5次。总长至43厘米时减袖山：①平收腋正中8针，②隔1行减1针减13次。余针平收，与正身整齐缝合。

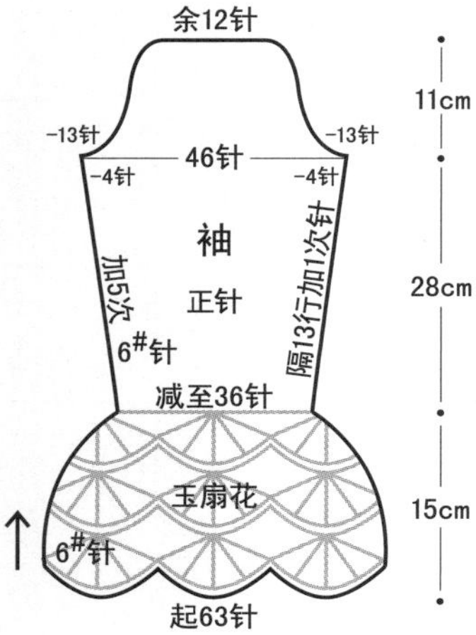

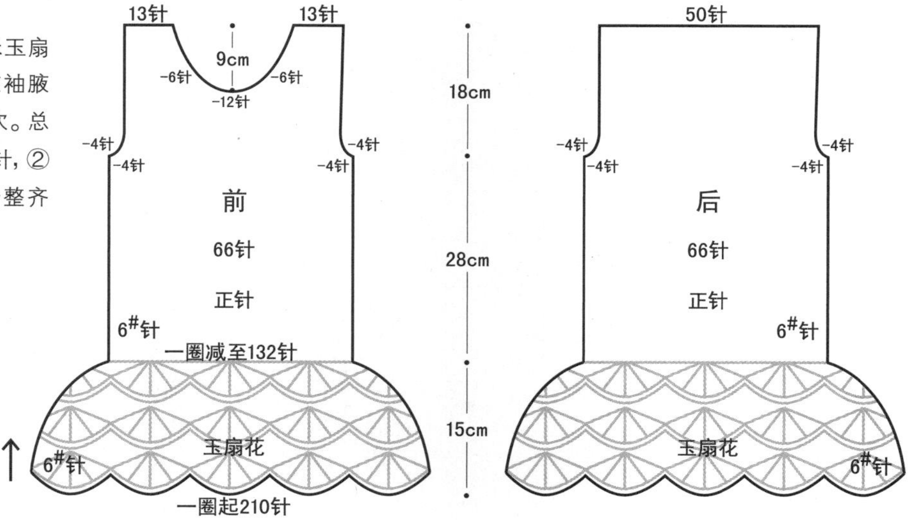

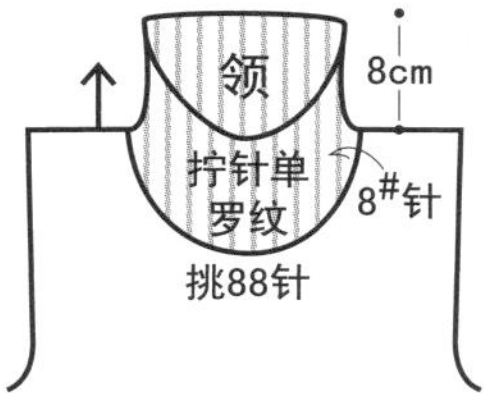

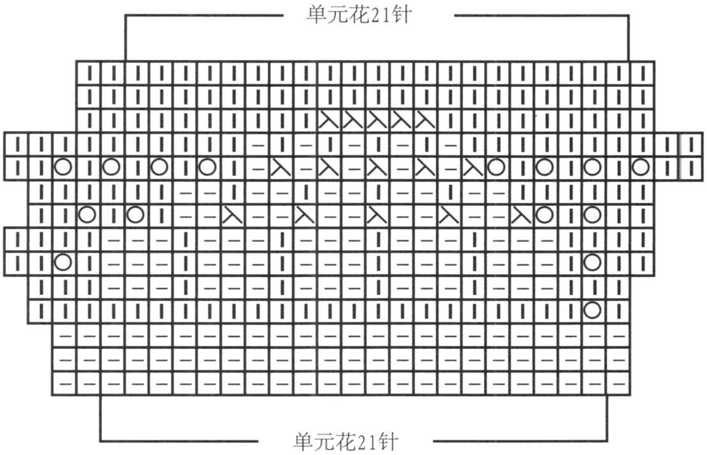

玉扇花

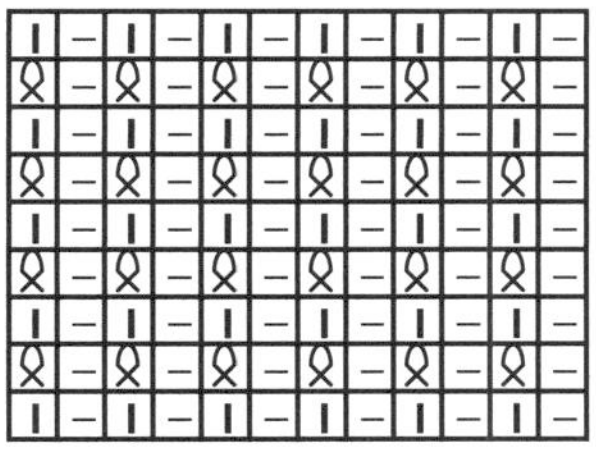

拧针单罗纹

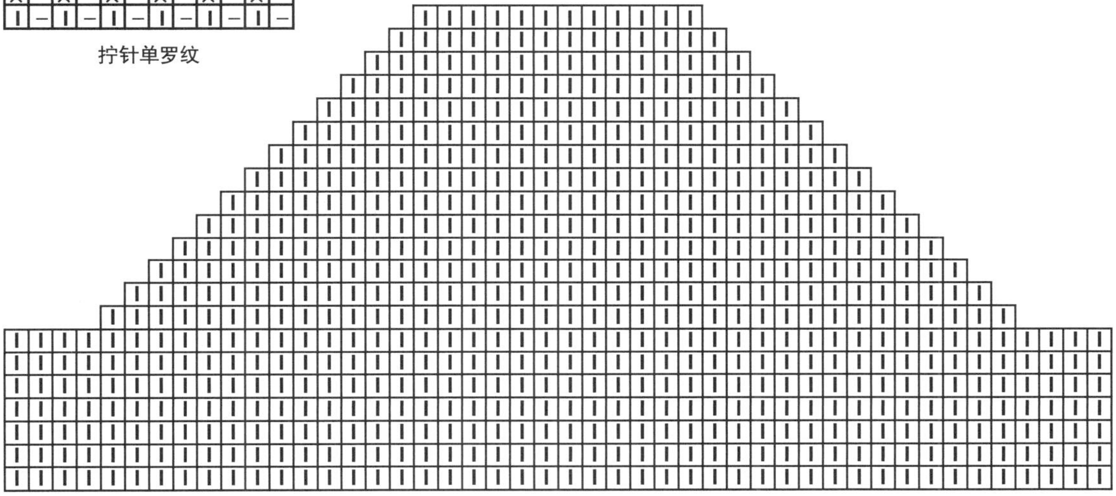

袖山减针方法

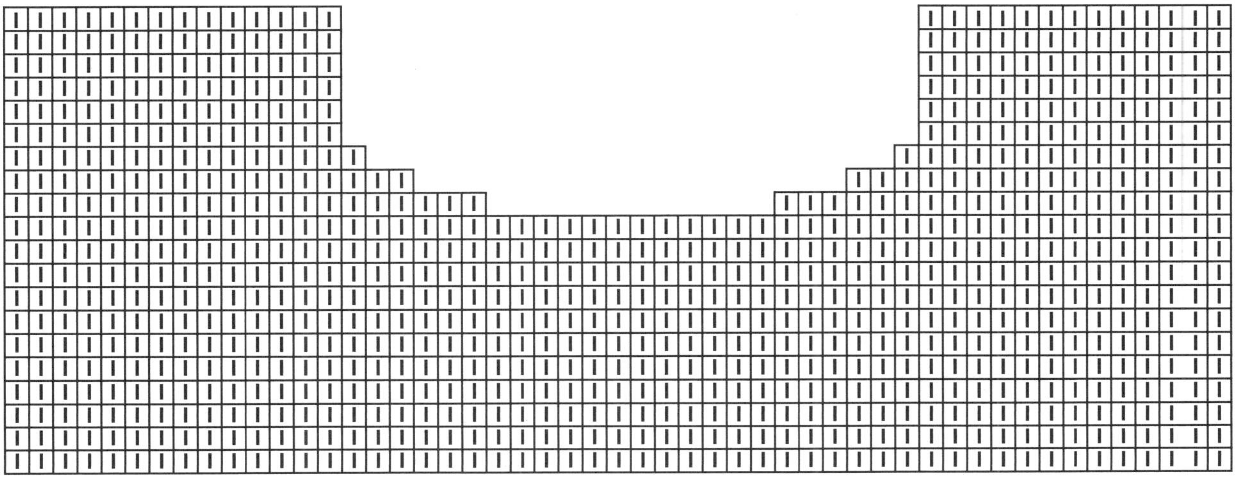

领口减针方法

57 魅力十足的短袖帽衫

材　　料： 273规格纯毛粗线

用　　量： 350克

工　　具： 6号针、8号针

尺　　寸： 以实物为准

平均密度： 边长10厘米方块 = 19针 × 25行

编织简述：

从下摆起针后整片向上织，相应长度后以两肋为界分前后片织并减袖窿，之后将肩头7针对头缝合。余针合成大片向上往返织帽片，最后在帽顶缝合。

编织步骤：

❶ 用8号针起164针，按下摆排花往返织4厘米。

❷ 换6号针按整体排花往返织14厘米。

❸ 以两肋的14针单排扣花纹为界，左右均分，前后腋各改织7针单排扣花纹，同时在其内侧隔1行减1针，共减14次，余针向上直织形成袖窿。

❹ 前后片分片织至18厘米后，取左右的7单排扣花纹按相同字母缝合后形成肩头，余下的80针合成大片，按帽子排花往返向上织，同时在正中隔1行左右各加1针，共加4次。总长至28厘米时，在正中左右各减1针，共减3次，余针对折缝合形成帽子。

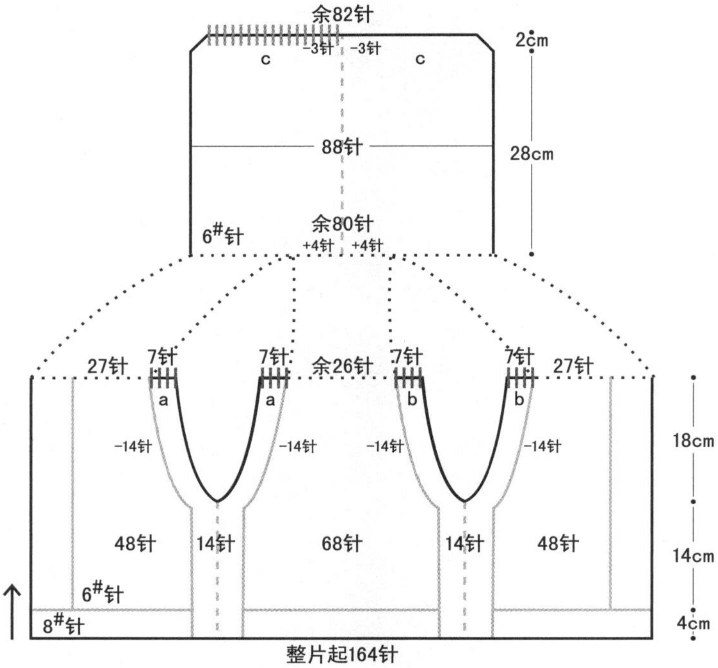

下摆排花：

41	14	54	14	41
拧针单罗纹	单排扣花纹	拧针单罗纹	单排扣花纹	拧针单罗纹

帽子排花：

11	16	1	24	1	16	11
拧针单罗纹	小树结果针	反针	正针	反针	小树结果针	拧针单罗纹

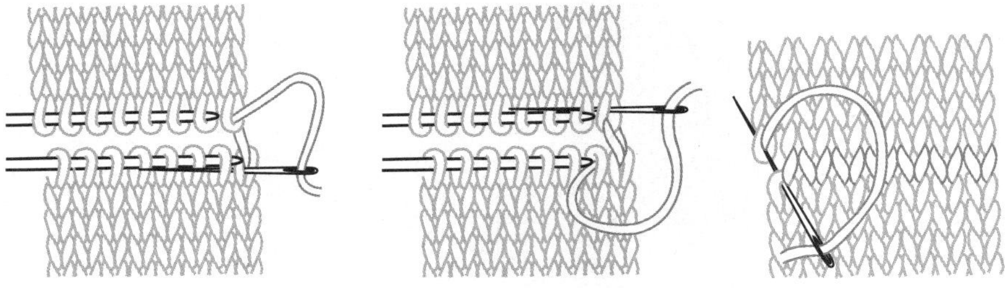

对头缝合方法

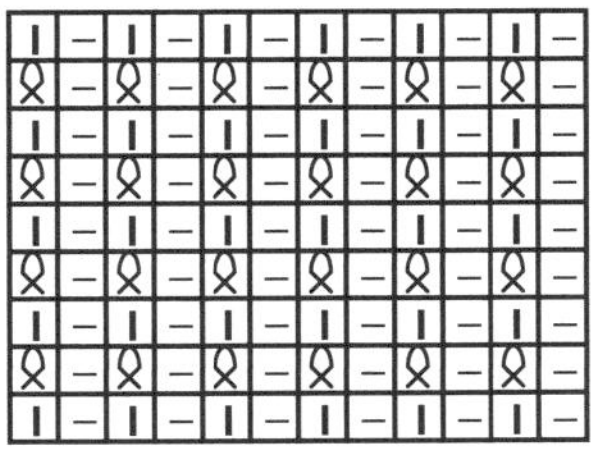

拧针单罗纹

小提示:

腋下减针时注意，只在前后片的腋部减针，花纹保持完整。

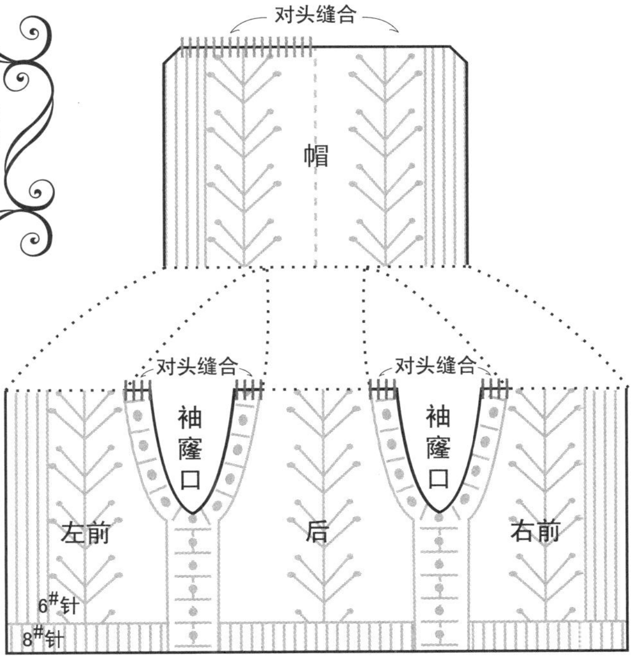

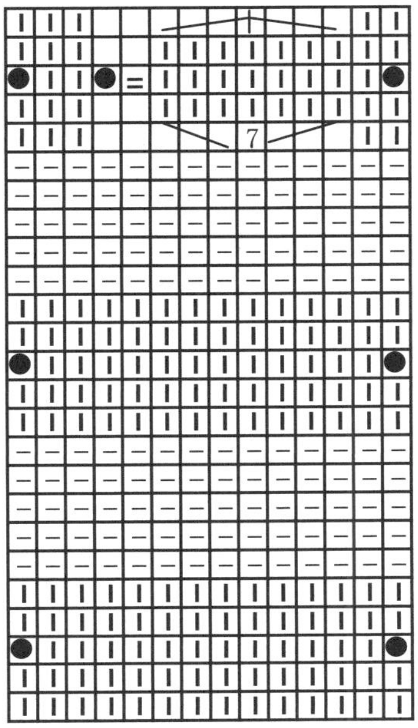

双排扣花纹

整体排花:

11	16	1	13	14	18	1	16	1	18	14	13	1	16	11
拧针单罗纹	小树结果针	反针	正针	单排扣花纹	正针	反针	小树结果针	反针	正针	单排扣花纹	正针	反针	小树结果针	拧针单罗纹

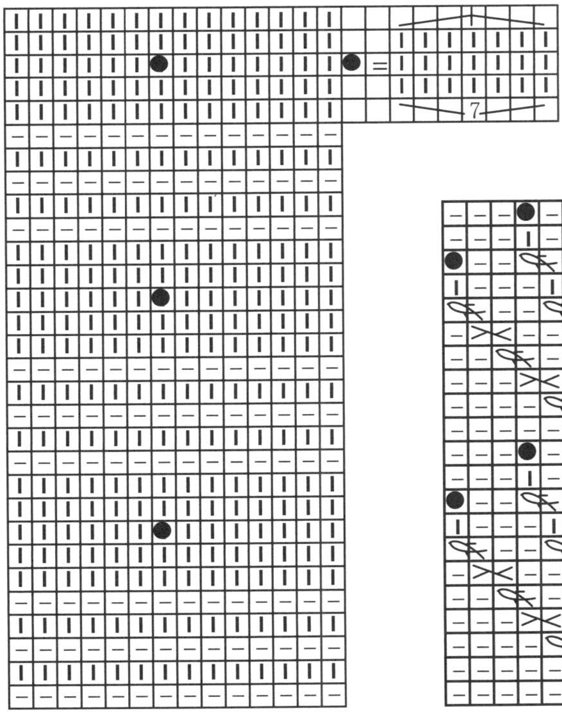

14单排扣花纹

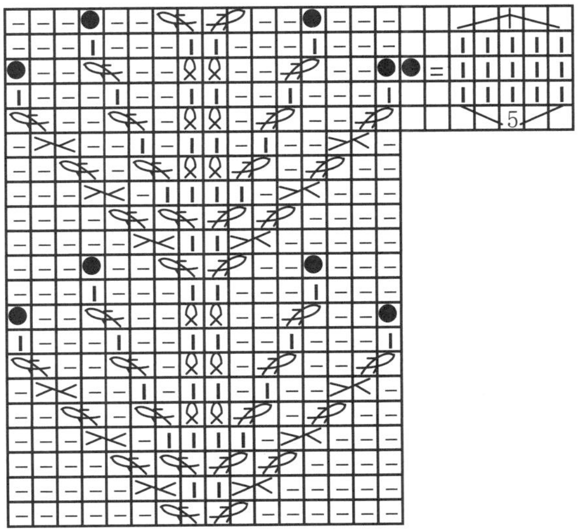

小树结果针

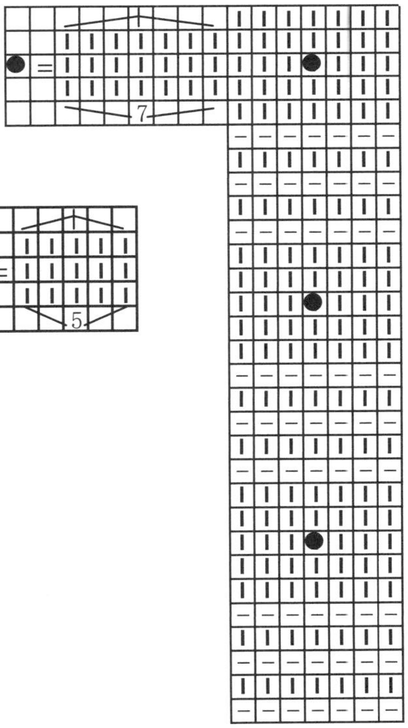

7单排扣花纹

59 花海小开衫

材　　料： 273规格纯毛粗线

用　　量： 400克

工　　具： 6号针

尺　　寸： 以实物为准

平均密度： 边长10厘米方块 = 19针 × 25行

编织简述：

按图织两个对称的长围巾，依然按相同字母缝合后，再挑织袖子形成开衫。

编织步骤：

❶ 用6号针起31针按（围巾一）排花往返织长围巾，至80厘米时，取左侧11针平收，余下的20针依然向上织8厘米后收针。

❷ 再按（围巾二）排花往返织一条长围巾，注意花纹与第一条围巾对称。

❸ 按图将两条围巾缝合20厘米后，再按相同字母缝合形成小马甲。

❹ 用6号针从袖窿口环形挑出44针向下直织45厘米拧针单罗纹后收机械边形成袖子。

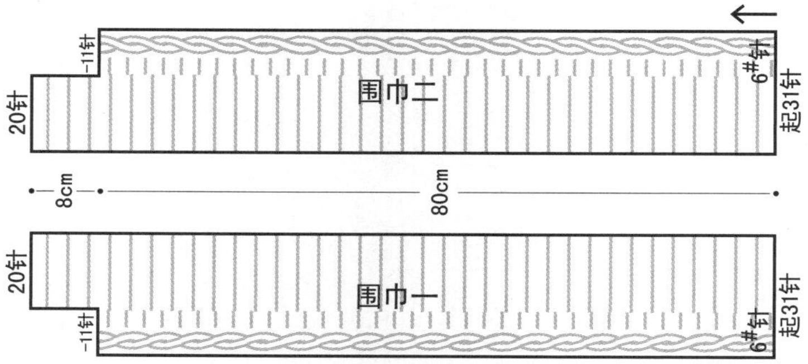

围巾二排花：

20 宽锁链针　4 锁链针　6 麻花针　1 正针（挑袖位置）

围巾一排花：

（挑袖位置）1 正针　6 麻花针　4 锁链针　20 宽锁链针

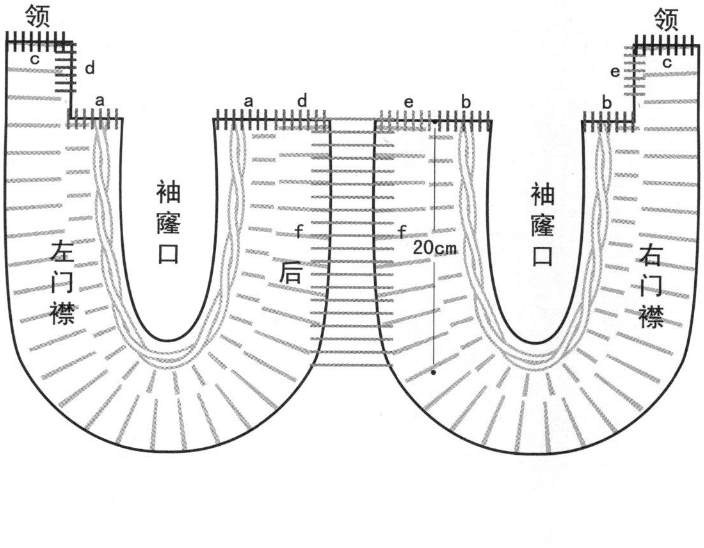

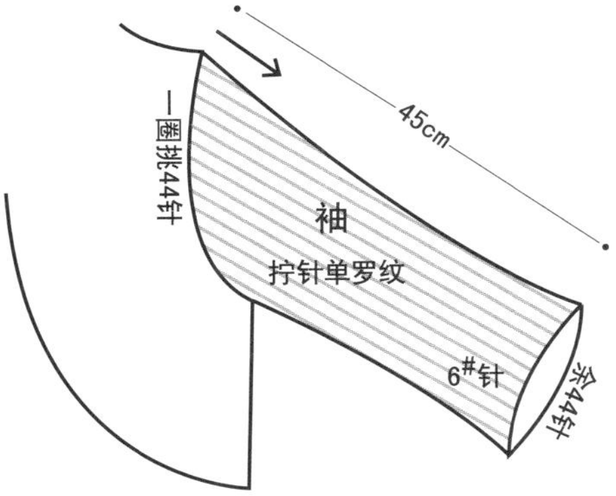

小提示：

注意缝合两条长围巾时，将麻花一侧安排在袖窿位置。

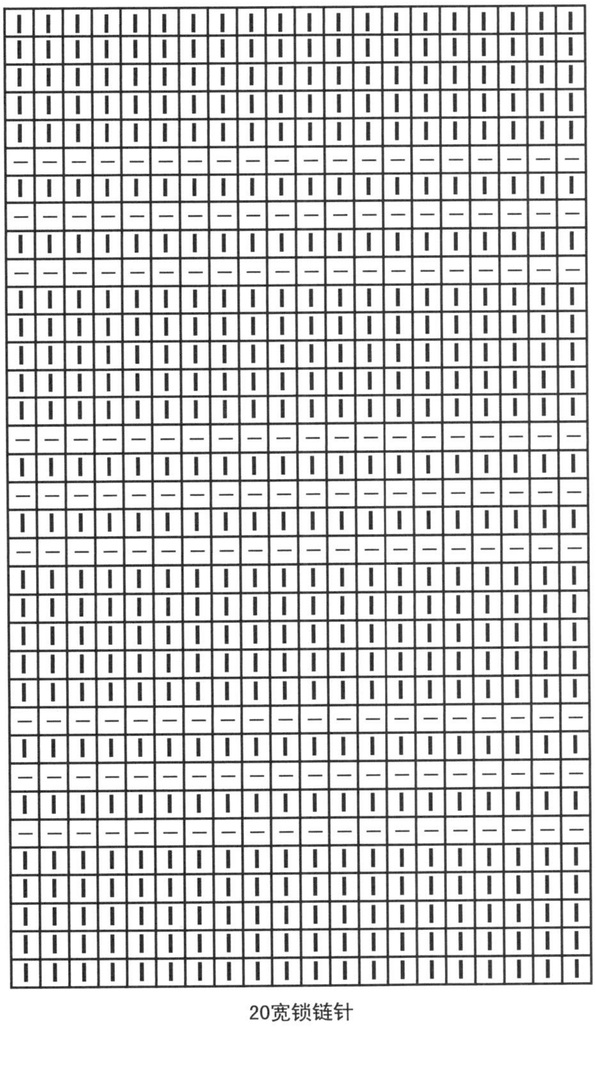

20宽锁链针

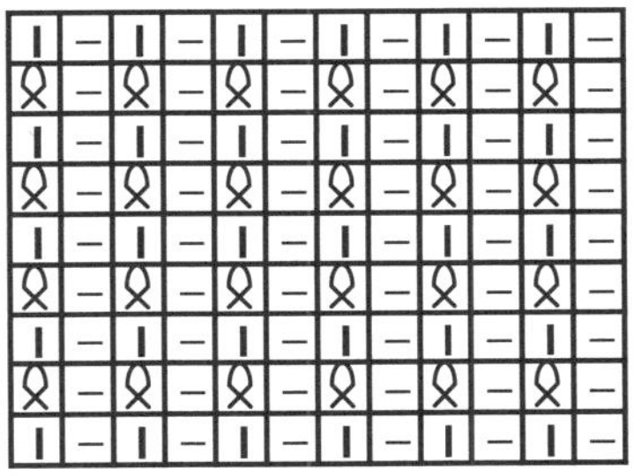

拧针单罗纹

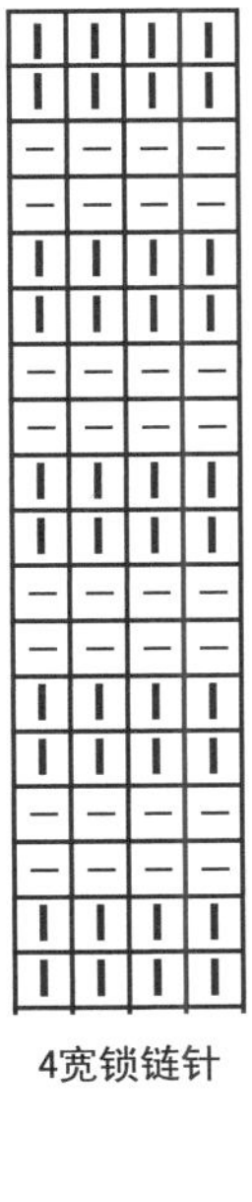

4宽锁链针

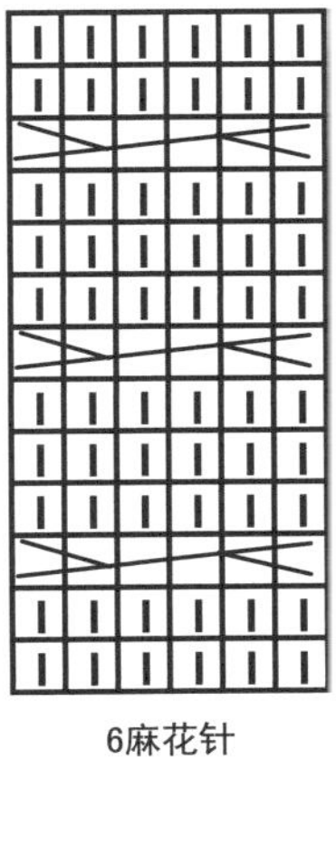

6麻花针

60 无袖连衣裙

材　　料： 273规格纯毛粗线

用　　量： 500克

工　　具： 6号针、8号针

尺　　寸： 裙长76厘米、胸围66厘米、肩宽29厘米

平均密度： 边长10厘米方块 = 20针 × 25行

编织简述：

从裙下摆起针后环形向上织，统一减针后向上织正身，至腋下后平减袖窿，最后减领口，前后肩头缝合后挑织领子。

编织步骤：

❶ 用8号针起168针，环形织2厘米锁链针。
❷ 换6号针统一加至198针，环形织28厘米单波浪凤尾针。
❸ 统一减至132针按排花环形向上织正身，总长至56厘米时，取腋正中的8针平收，边沿按肩部排花向上织。
❹ 距后脖8厘米时减领口：①平收领正中10针，②隔1行减3针减1次，③隔1行减2针减1次，④隔1行减1针减1次，余针向上直织。前后肩头缝合后，从领口处挑出88针，用8号针环形织6厘米拧针单罗纹后收机械边形成高领。

小提示：
注意服装内的小球球为7针。

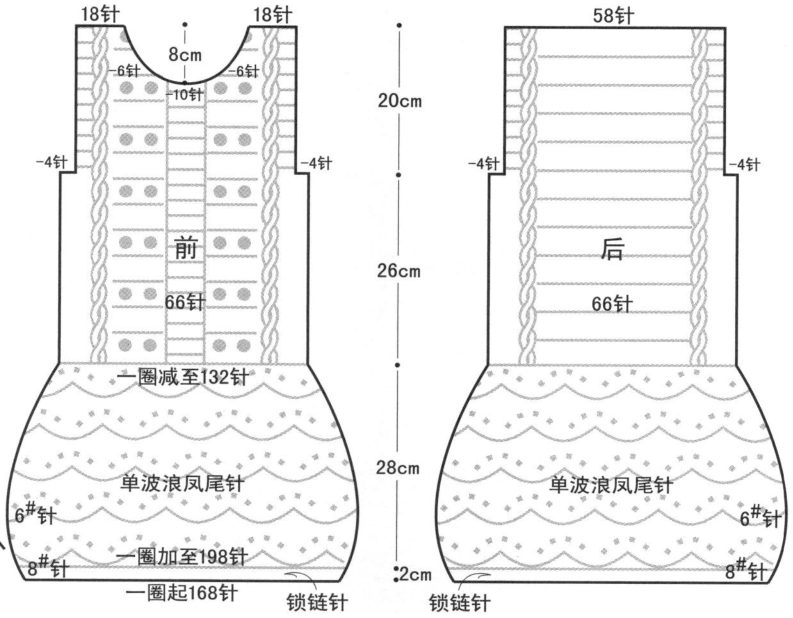

右前肩部排花：

5	4	1	……
锁链针	麻花针	反针	

左前肩部排花：

……	1	4	5
	反针	麻花针	锁链针

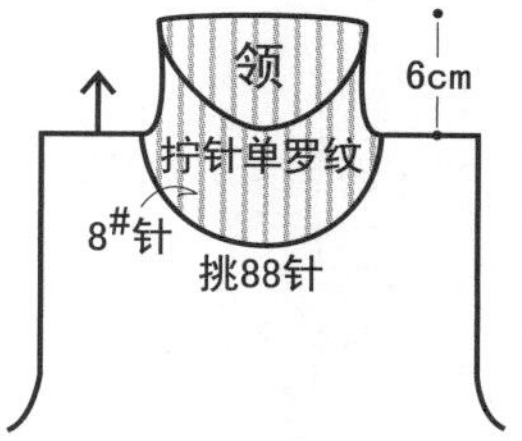

正身排花：

16	1	4	1	14	10	14	1	4	1	16
正针	反针	麻花针	反针	横条纹球球针	锁链针	横条纹球球针	反针	麻花针	反针	正针

1	4	1	38	1	4	1
反针	麻花针	反针	宽锁链针	反针	麻花针	反针

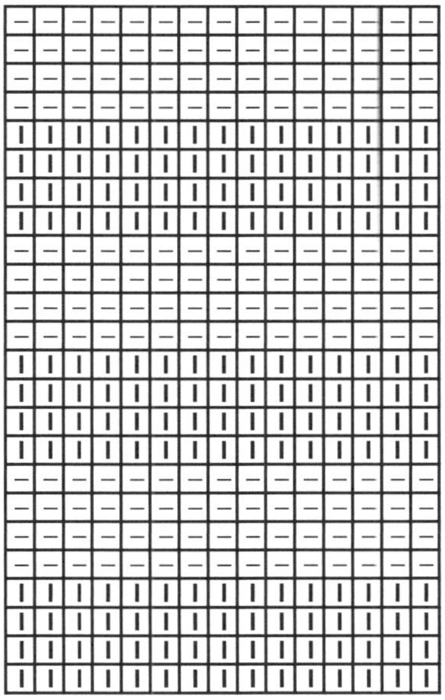

宽锁链针

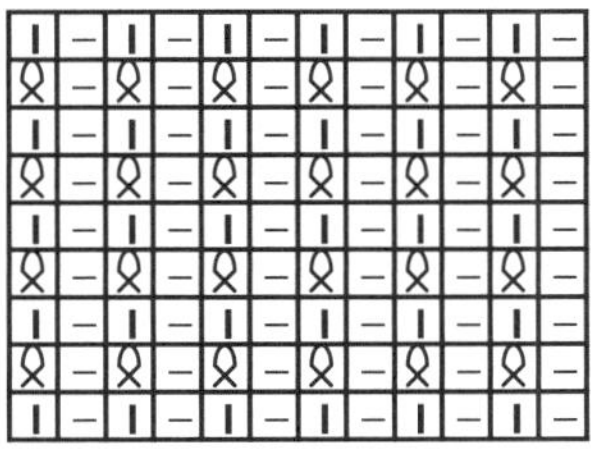

拧针单罗纹

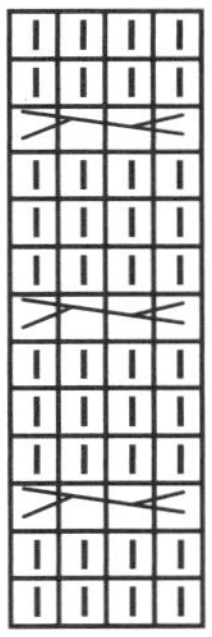

麻花针

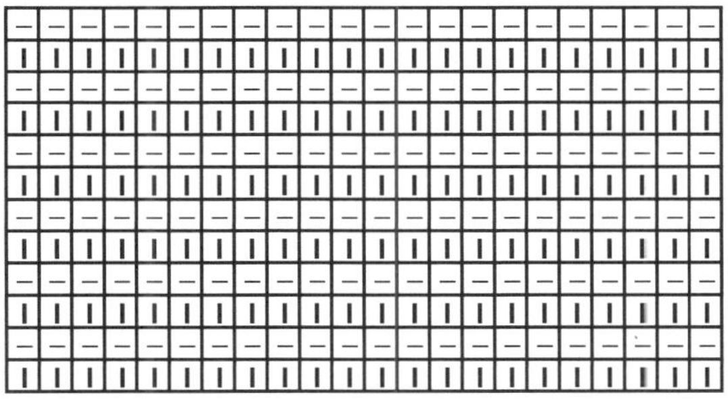

锁链针

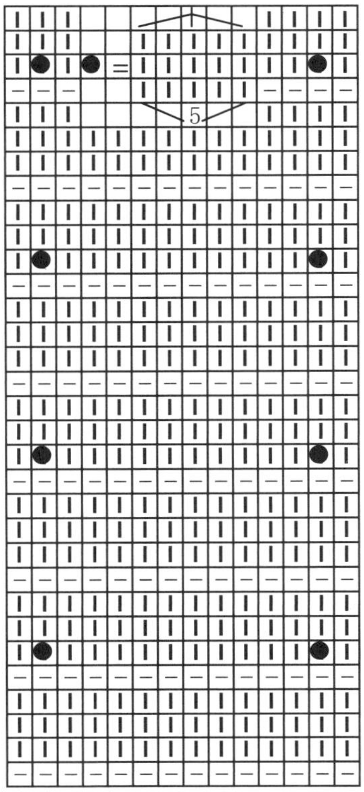

横条纹球球针

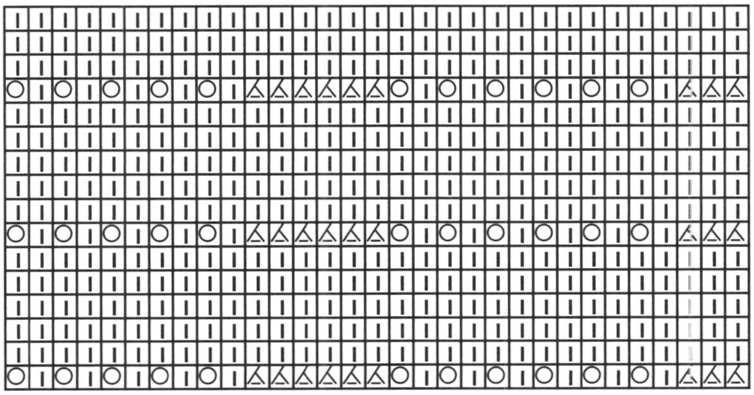

单波浪凤尾针

62 曼妙花边收腰披肩

材　　料： 273规格纯毛粗线

用　　量： 550克

工　　具： 6号针、5.0钩针

尺　　寸： 以实物为准

平均密度： 边长10厘米方块 = 20针 × 25行

编织简述：

按花纹往返织长方形，相应长度后，分三小片往返织，再合成大片向上织，形成的长洞为袖窿口。收针后用钩针钩织花边，最后在袖窿口钩织小边。

编织步骤：

❶ 用6号针起186针，按排花往返织15厘米。

❷ 左右各15针球球宽锁链针不变，中间的156针改织菠萝针。

❸ 总长至25厘米后，从正中的156针处分针，按要求分三小片向上织15厘米后再合成大片。菠萝针分别为40针、76针、40针。合成大片后，形成的两个长洞为袖窿口。

❹ 合成186针大片向上织3厘米后紧收平边。

❺ 用5.0钩针在收针处往返钩13厘米荷叶边后收针。

❻ 用5.0钩针在袖窿口处环形钩两圈荷叶小边。

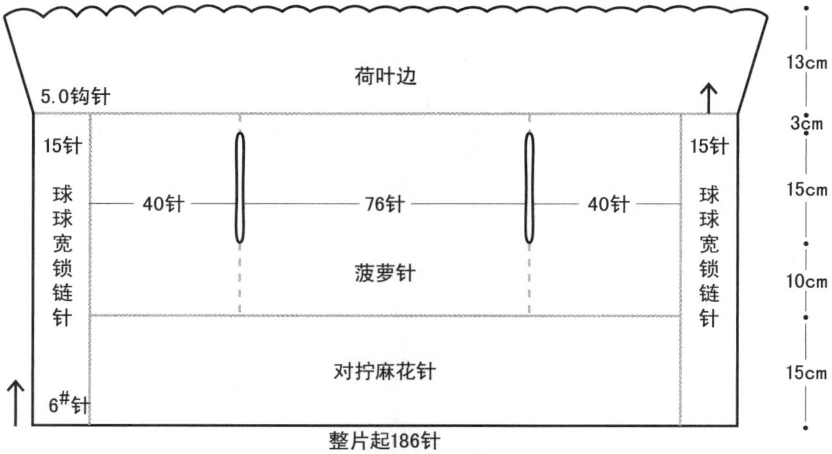

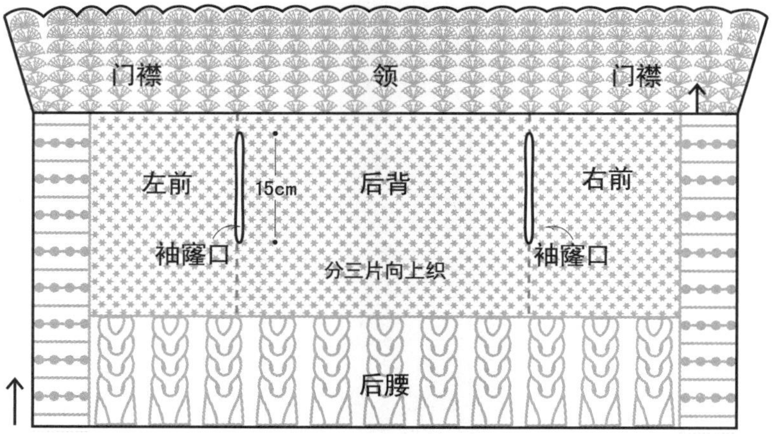

后腰排花：

15	2	12	2	12	2	12	2	12	2	12	2	12	2	12	2	12	2	12	2	12	2	12	2	15
球球宽锁链针	反针	对拧麻花针	反针	对拧麻花针	反针	对拧麻花针	反针	对拧麻花针	反针	对拧麻花针	反针	对拧麻花针	反针	对拧麻花针	反针	对拧麻花针	反针	对拧麻花针	反针	对拧麻花针	反针	对拧麻花针	反针	球球宽锁链针

球球宽锁链针

小提示:

钩织荷时边时注意手法略松，使边沿立体而柔软。

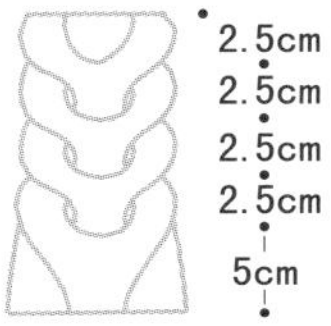

后腰麻花拧针间距:

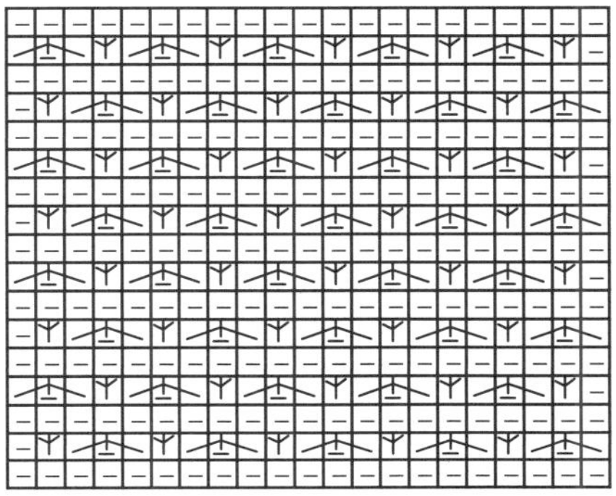

菠萝针

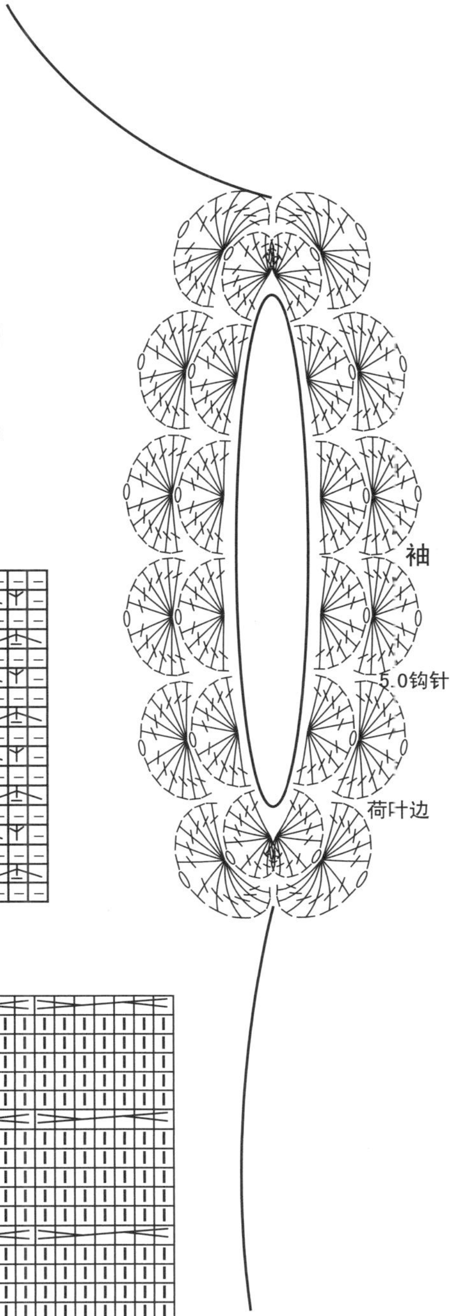

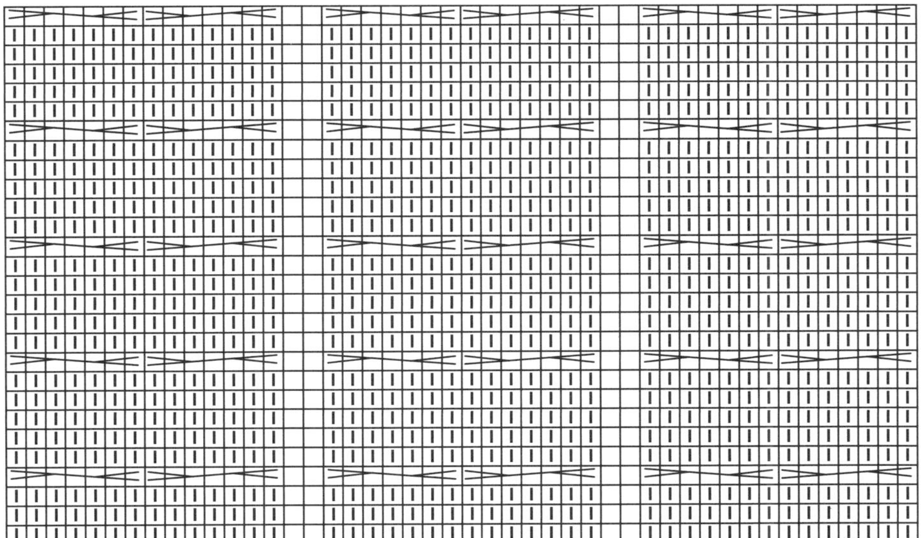

后腰对拧麻花针

短袖360度开衫

材　　料: 278规格纯毛粗线

用　　量: 400克

工　　具: 6号针

尺　　寸: 以实物为准

平均密度: 边长10厘米方块= 20针 × 25行

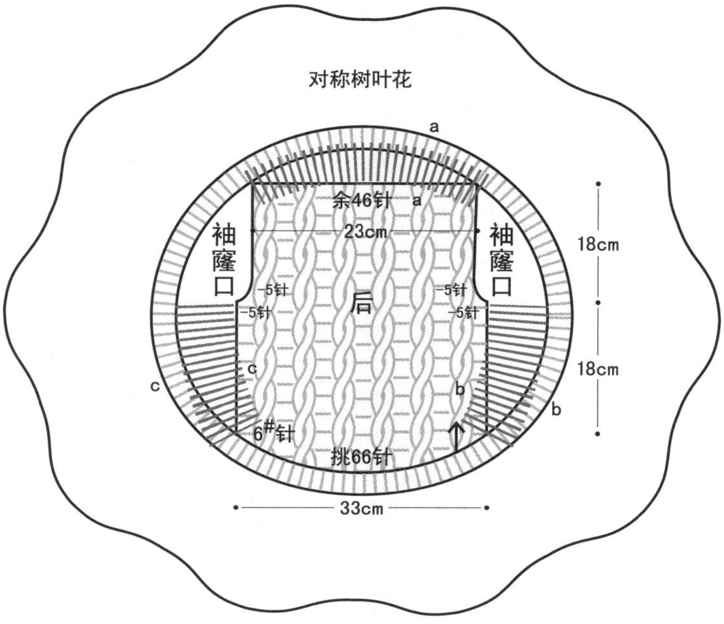

编织简述:

起针后按花纹环形织一个圆柱体，在其内沿挑织后背片，最后按要求缝合各处形成披肩。

编织步骤:

1. 用6号针起240针，环形织16厘米对称树叶花。
2. 不换针改织2厘米拧针单罗纹后收机械边完成圆柱体。
3. 在圆柱体拧单罗纹一侧33厘米位置挑出66针按排花往返织后背片，总长至18厘米时减袖窿：①平收腋正中10针，②隔1行减1针减5次。余针向上直织，袖窿长18厘米时平收，与上沿的拧针单罗纹缝合。
4. 按相同字母缝合两肋后形成披肩。

小提示:
圆柱体完成时收针注意放松，否则无法挑织后背片。

后背排花:

6	6	6	6	6	6	6	6	6	6	6
宽锁链针	麻花针	宽锁链针	麻花针	宽锁链针	麻花针	宽锁链针	麻花针	宽锁链针	麻花针	宽锁链针

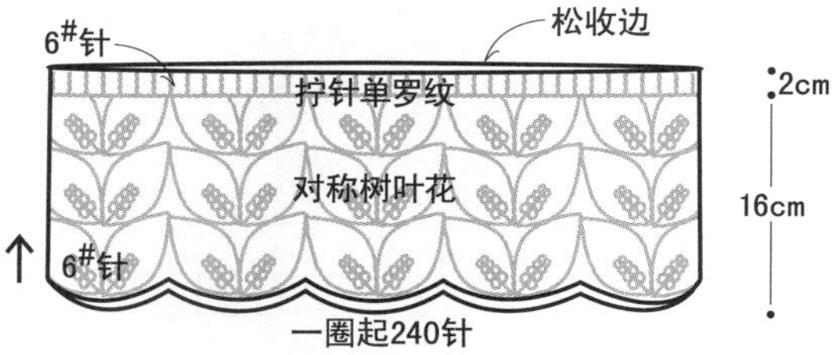

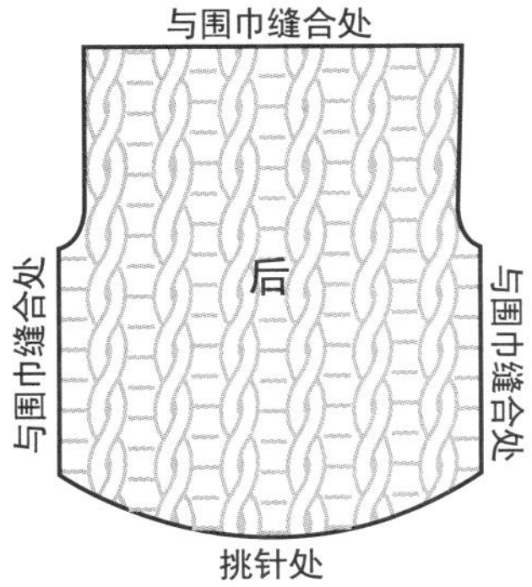

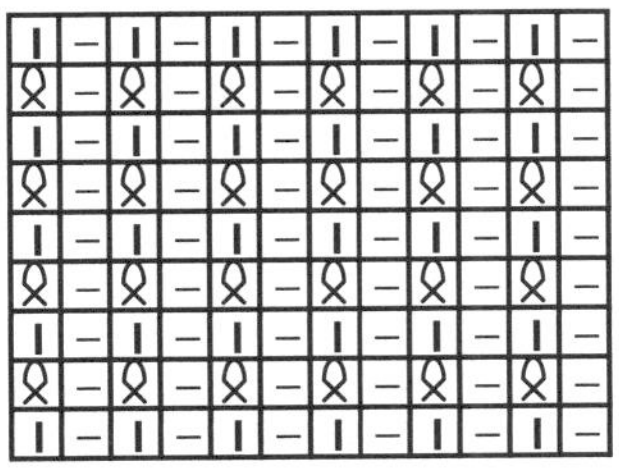

拧针单罗纹

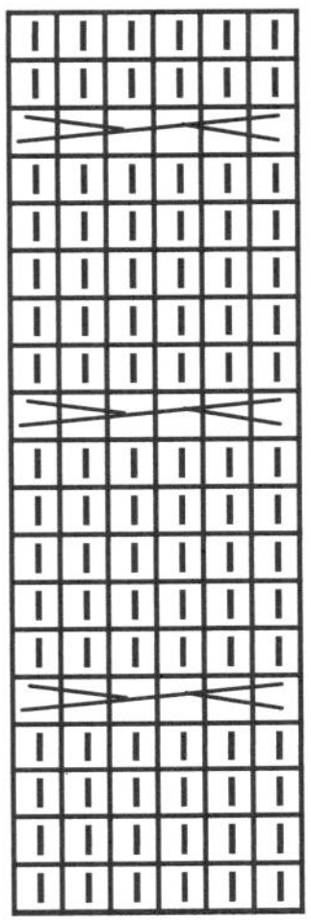

麻花针

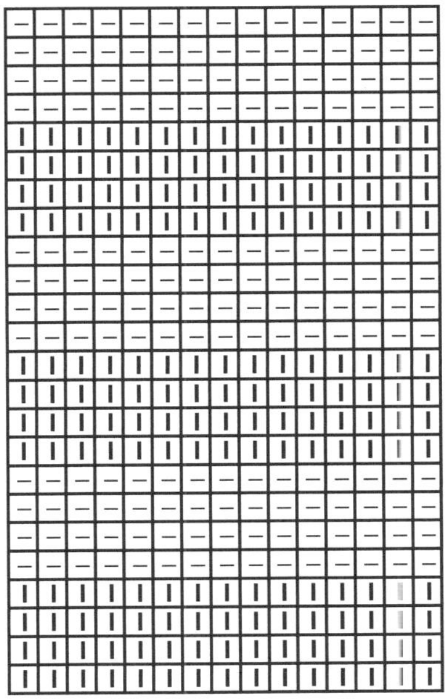

宽锁链针

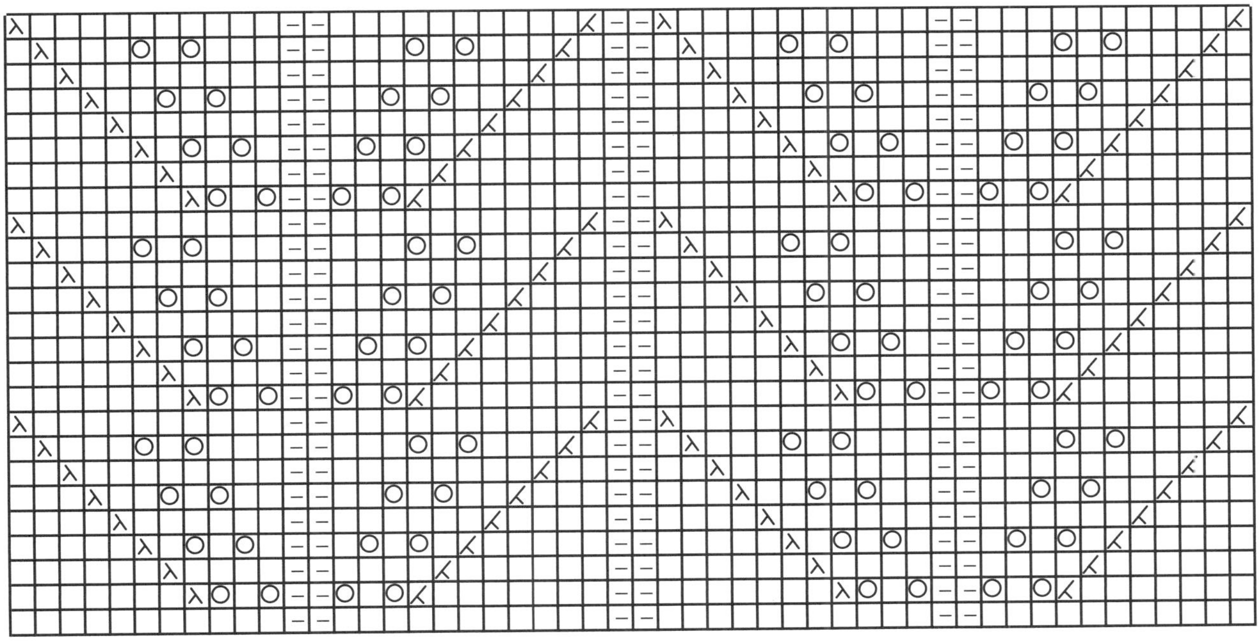

对称树叶花

67 优雅华贵披肩

材料： 273规格纯毛粗线

用量： 550克

工具： 6号针、8号针

尺寸： 以实物为准

平均密度： 边长10厘米方块 = 19针 × 25行

编织简述：

按排花织一条长围巾和一个后背片，按要求缝合后形成背心，最后在袖窿口环形挑针向下织袖子。

编织步骤：

❶ 用6号针起45针，按长围巾排花往返织124厘米后收针。

❷ 另线起65针，用8号针往返织5厘米拧针单罗纹后，换6号针按后背排花往返向上织，总长至30厘米时减袖窿：①平收腋一侧3针，②隔1行减1针减3次。余53针向上直织至18厘米后收针。

❸ 将后背片余针与长围巾正中的28厘米处缝合后，再将两肋按相同字母缝合，左右形成的两个洞口为袖窿口。

❹ 从袖窿口挑出40针，用6号针环形织正针，总长至36厘米后换8号针改织13厘米拧针单罗纹后收针形成袖口。

后背排花：

7	15	2	15	2	15	7
反针	菱形针	反针	菱形针	反针	菱形针	反针

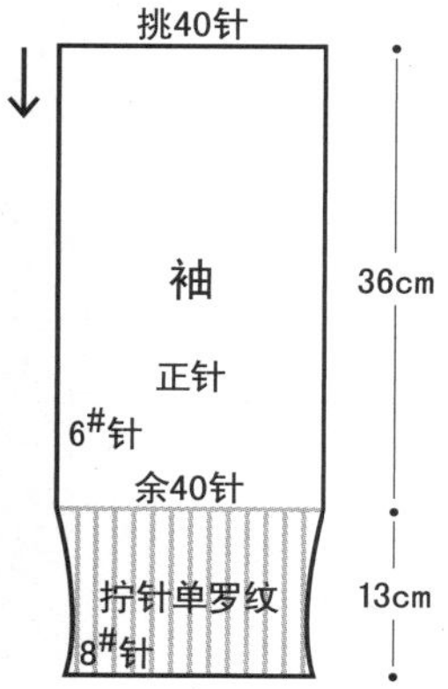

小提示：
注意绵羊圈圈针长度在3厘米左右，不可过长。

长围巾排花：

5	5	15	5	10	5
宽锁链针	反针	菱形针	反针	绵羊圈圈针	锯齿锁链针

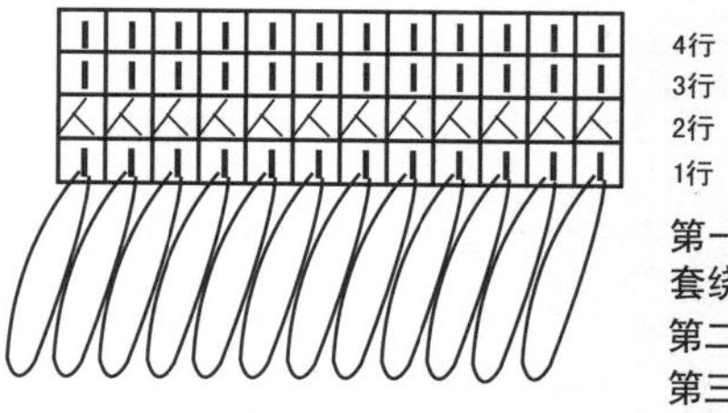

绵羊圈圈针

第一行：右食指绕双线织正针，然后把线套绕到正面，按此方法织第2针。
第二行：由于是双线所以2针并1针织正针。
第三、四行：织正针，并拉紧线套。
第五行以后重复第一到第四行。

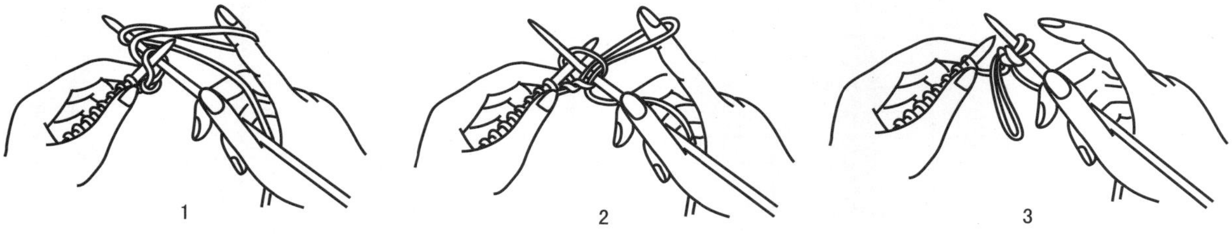

绵羊圈圈针

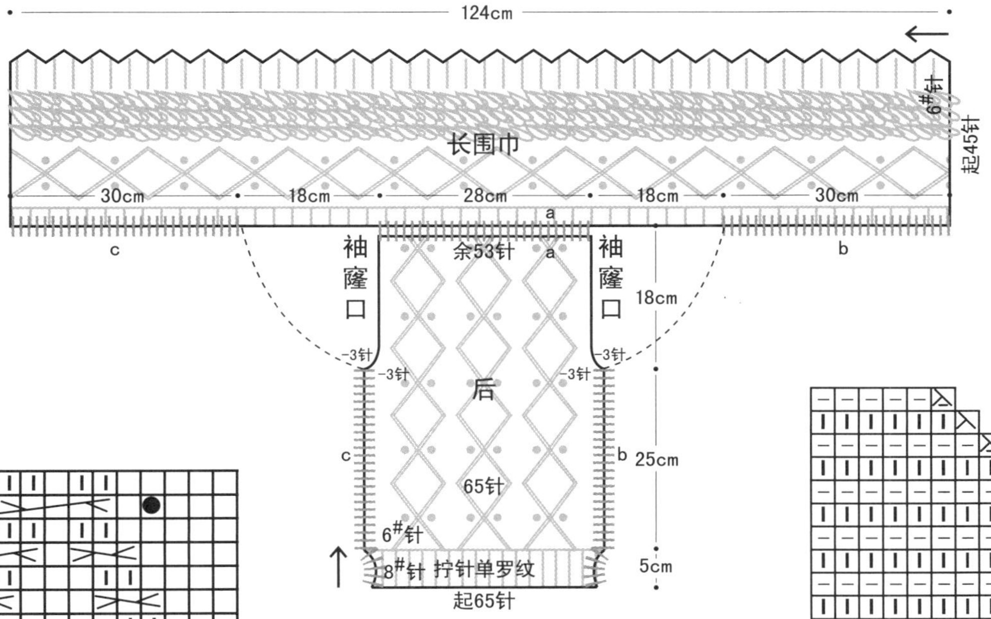

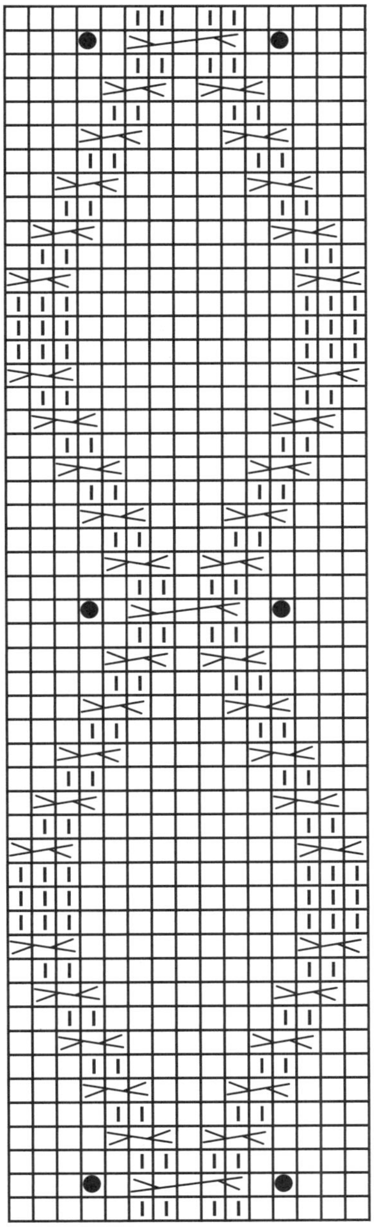

菱形针

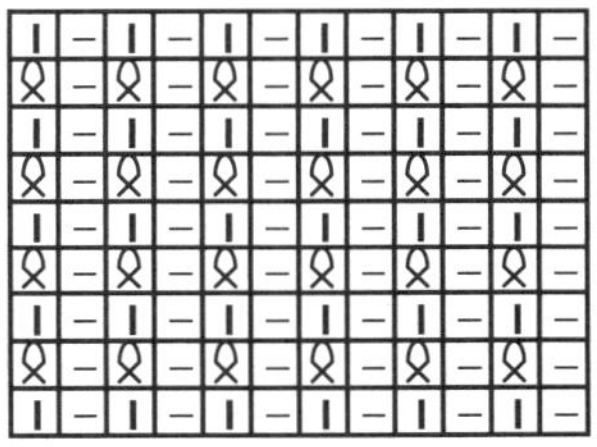

拧针单罗纹

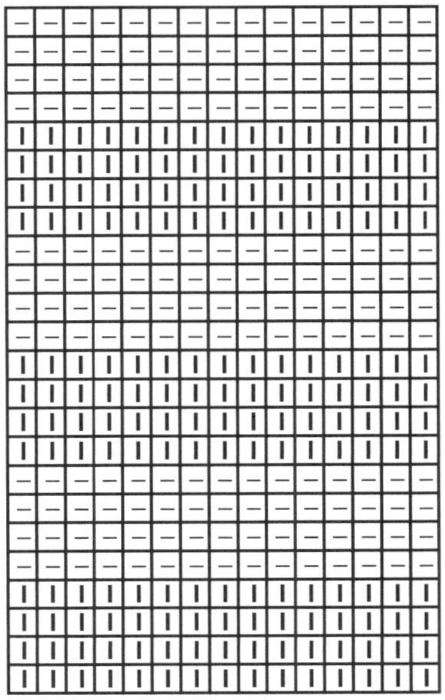

宽锁链针

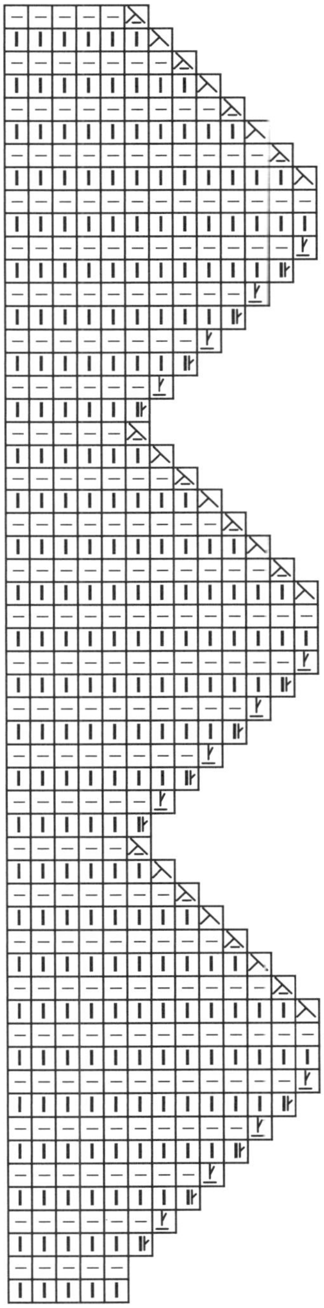

锯齿锁链针

68 子叶小披肩

材料： 275规格纯毛粗线

用量： 450克

工具： 6号针、8号针

尺寸： 以实物为准

平均密度： 边长10厘米方块 = 19针 × 25行

编织简述：

按图织一个不规则的梯形，依照相同字母缝合两肋后形成小披肩，然后挑针环形织门襟边，最后挑织短袖口。

编织步骤：

❶ 用6号针起66针，往返织梅花针。
❷ 在66针的两侧隔1行加1针，共加43次，加出针依然织梅花针。
❸ 总长至35厘米后，整片共152针，取正中的26针平收，此时分两片向上织，两侧改为行行加针，共加30次。
❹ 总长至47厘米时收针，左右片各余93针。
❺ 将梯形内折，按相同字母缝合两肋。
❻ 沿虚线在边沿挑出168针，环形织10厘米樱桃针后收边形成门襟边。
❼ 用8号针从袖窿口环形挑出80针，环形织6厘米拧针双罗纹后收机械边形成短袖。

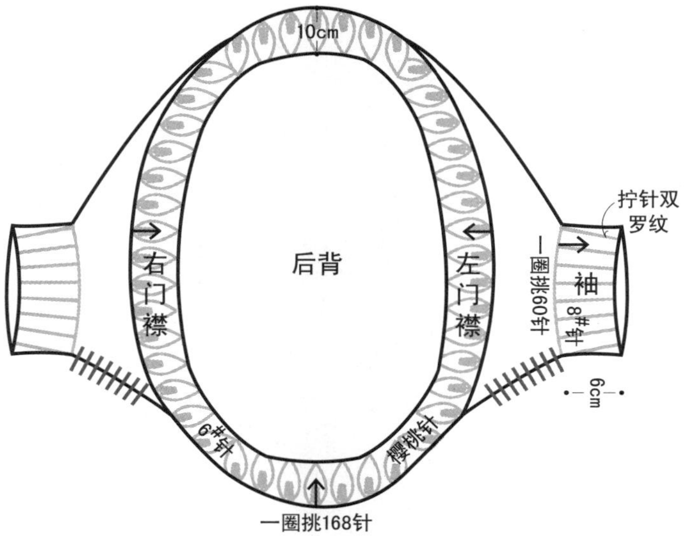

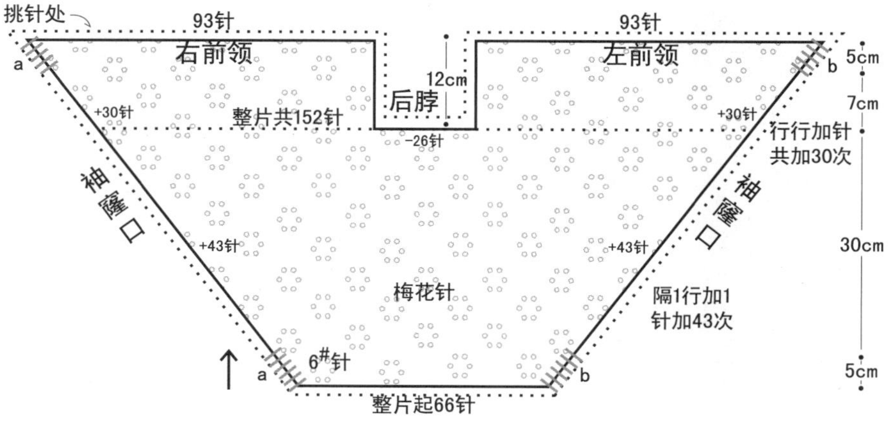

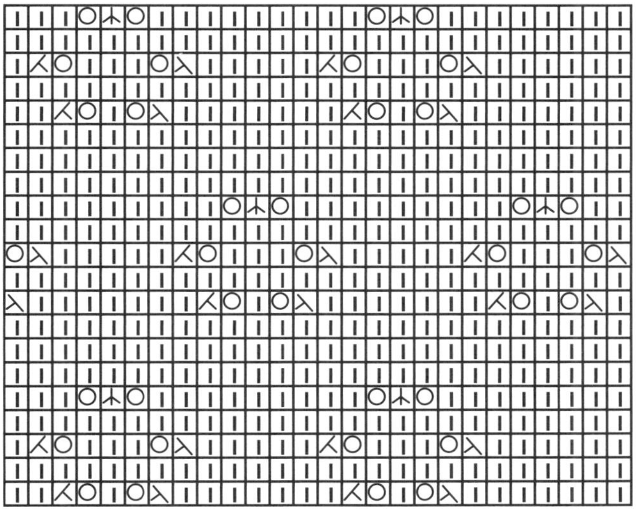

梅花针

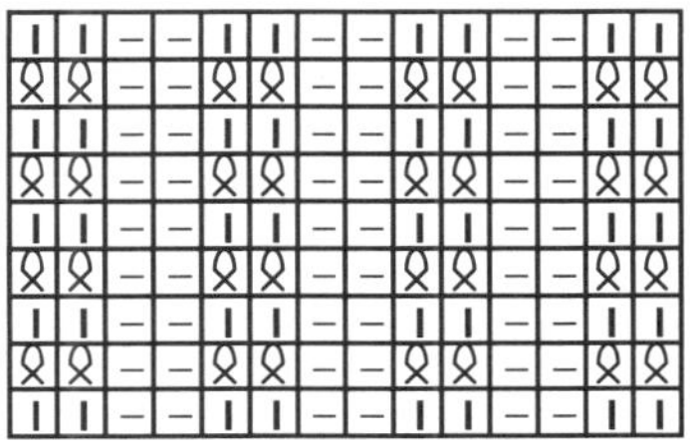

拧针双罗纹

小提示:

注意两侧的加针方法：第一次加针为隔1行加1针，第二次加针为行行加针。

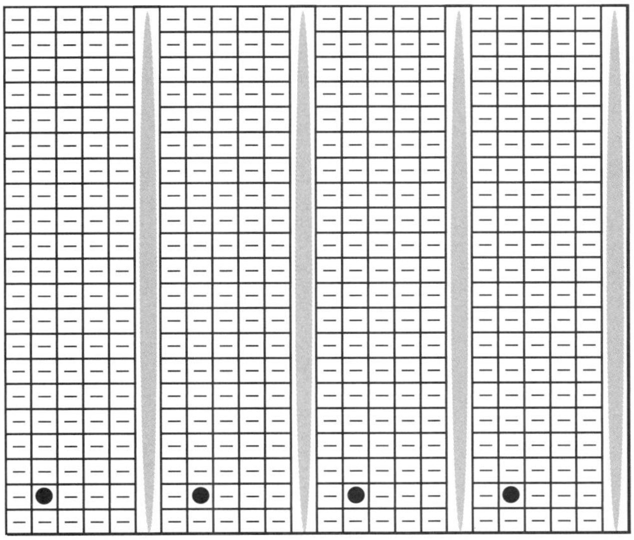

樱桃针

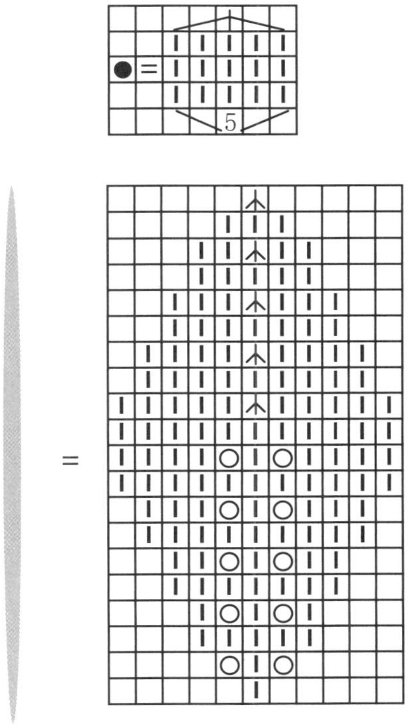

69 流苏花边帽披肩

材　　料： 273规格纯毛粗线

用　　量： 250克

工　　具： 6号针

尺　　寸： 以实物为准

平均密度： 边长10厘米方块 = 20针 × 25行

编织简述：

按图解织一条长围巾，然后从长围巾的正中相应位置挑织帽子，最后在长围巾的边沿系好流苏。

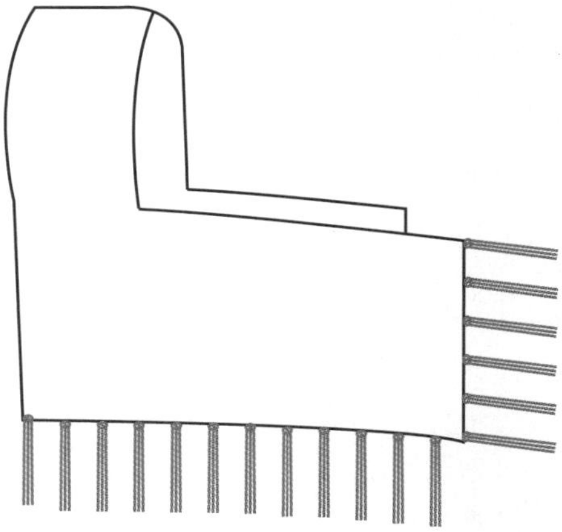

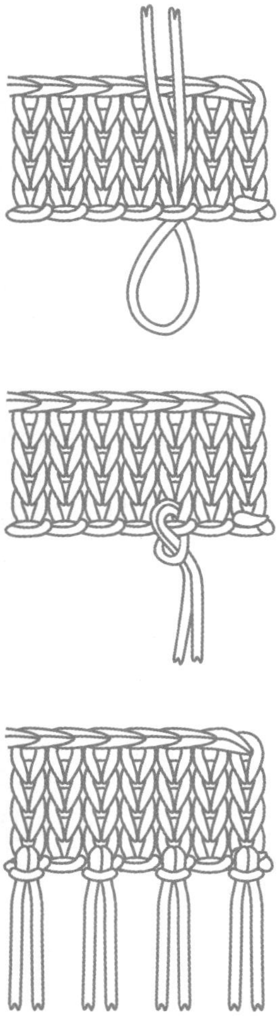

系流苏方法

编织步骤：

❶ 用6号针起50针，按排花往返织120厘米形成长围巾。

❷ 从长围巾侧面正中30厘米位置挑出72针，用6号针按帽子排花往返向上织，同时在帽根处取2针做加针点，在加针点的两侧隔1行加1针加8次，整个帽片共加16针。总长至30厘米时，在正中的2针左右隔1行减1针减3次，余82针时对头缝形成帽子。

❸ 按图在长围巾的边沿系好流苏。

帽子排花：

5	1	20	1	18	1	20	1	5
锯齿锁链针	反针	对称树叶花	反针	横条纹针	反针	对称树叶花	反针	锯齿锁链针

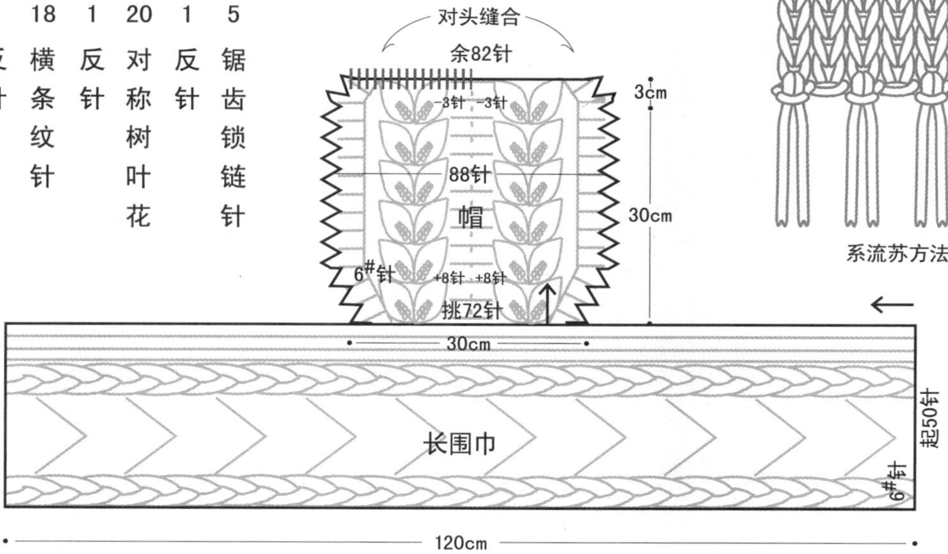

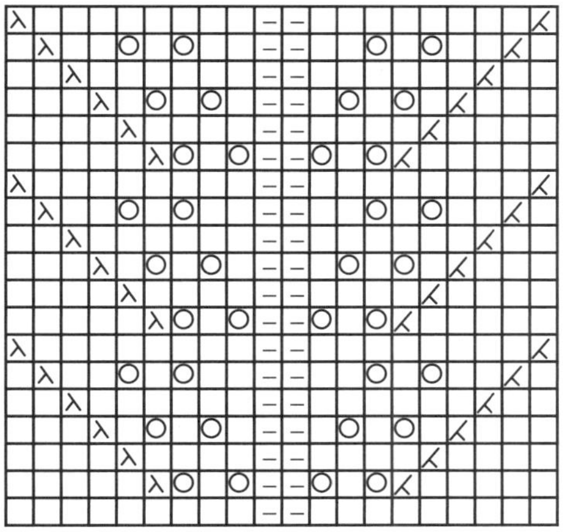

对称树叶花

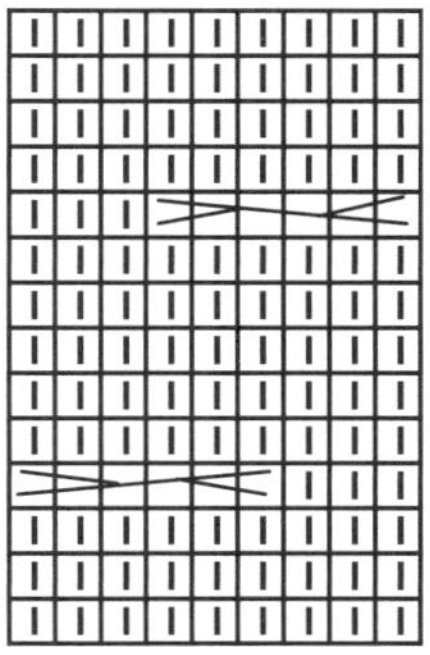

辫子麻花针

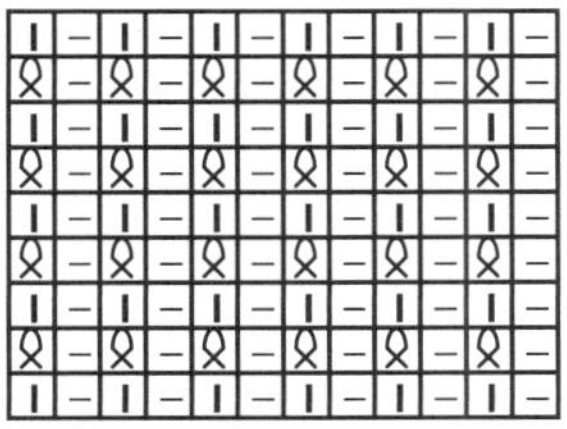

拧针单罗纹

小提示:

挑织帽片时注意从长围巾的平边处挑针，有花边的一侧在下方。

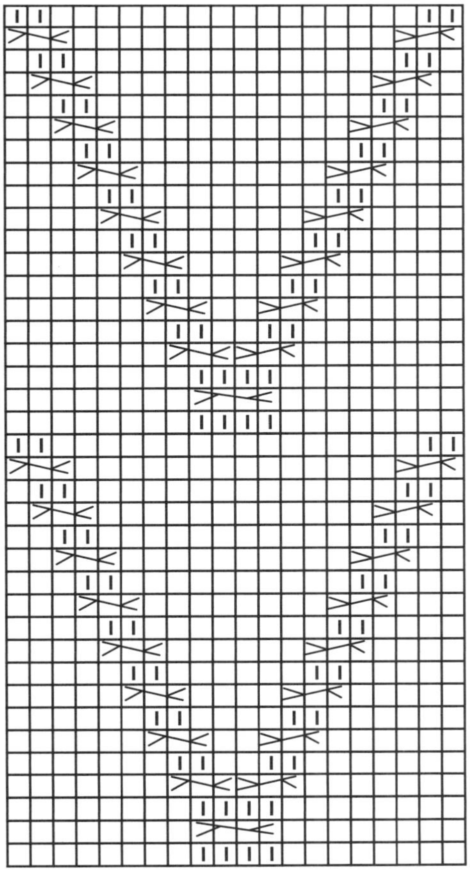

V形花纹

长围巾排花:

9	1	20	1	9	10
辫子麻花针	反针	V形花纹	反针	辫子麻花针	拧针单罗纹

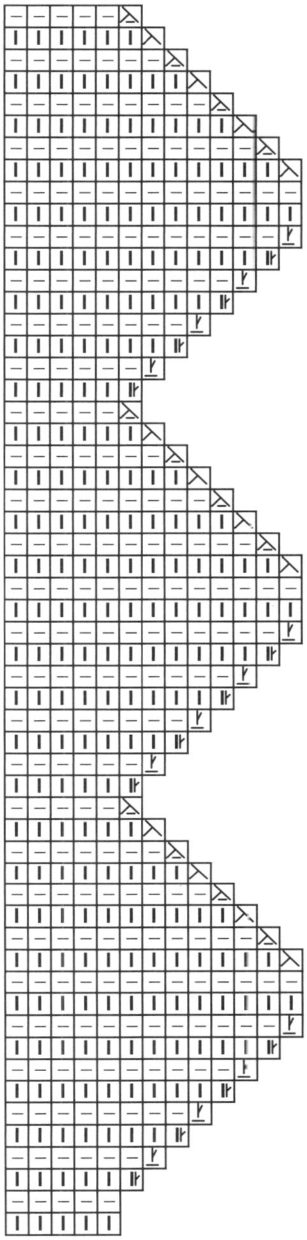

锯齿锁链针

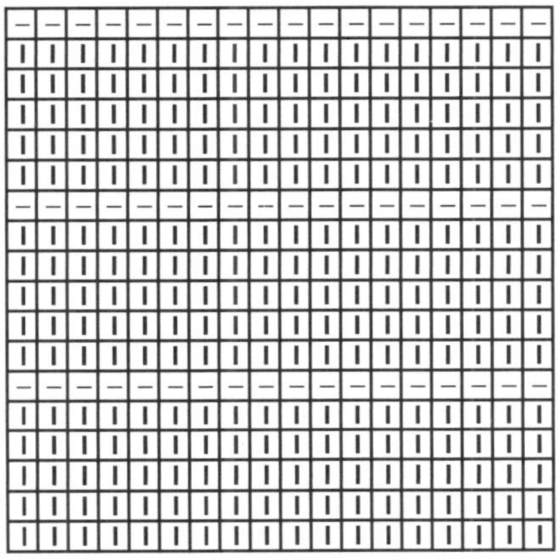

横条纹针

71 婉约风马甲

材　　料: 273规格纯毛粗线

用　　量: 450克

工　　具: 6号针、8号针

尺　　寸: 以实物为准

平均密度: 边长10厘米方块 = 20针 × 25行

编织简述:

从下摆起针后环形向上织，完成下摆后，在两腋平加针并分前后片往返向上织，相应长度后，再合圈织领子，最后将平加出的针目对头缝合形成宽袖边。

编织步骤:

❶ 用8号针起108针，环形织15厘米拧针双罗纹。

❷ 换6号针从正中分针织前后片，每片左右各平加8针，各70针按排花向上往返织28厘米。

❸ 平收左右各8针，前后片分别余54针，合成108针用8号针环形织15厘米拧针双罗纹后收机械边形成领子。

❹ 将前后片的8针麻花对头缝合形成宽袖边。

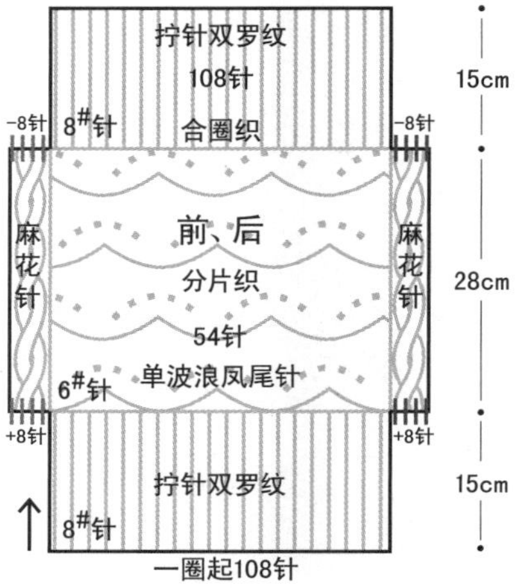

小提示:
缝合两腋和肩头的8针麻花时注意整齐，并将缝合迹留在内侧。

前、后片排花:

8	54	8
麻花针	单波浪凤尾针	麻花针

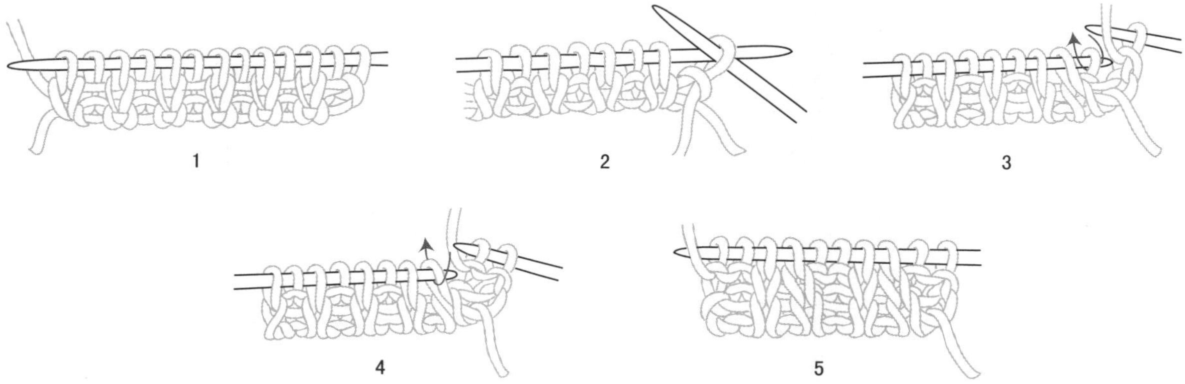

双罗纹起针方法

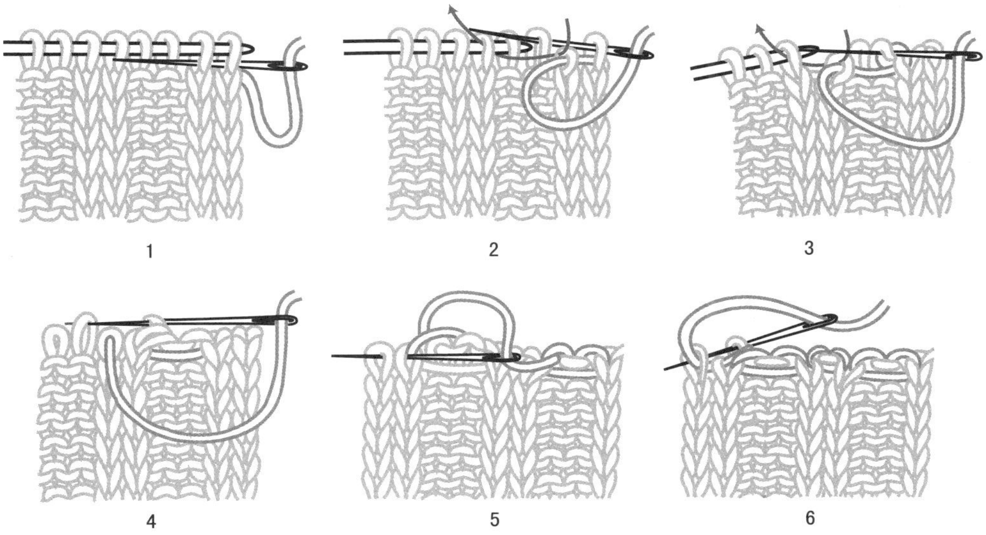

双罗纹收针缝法

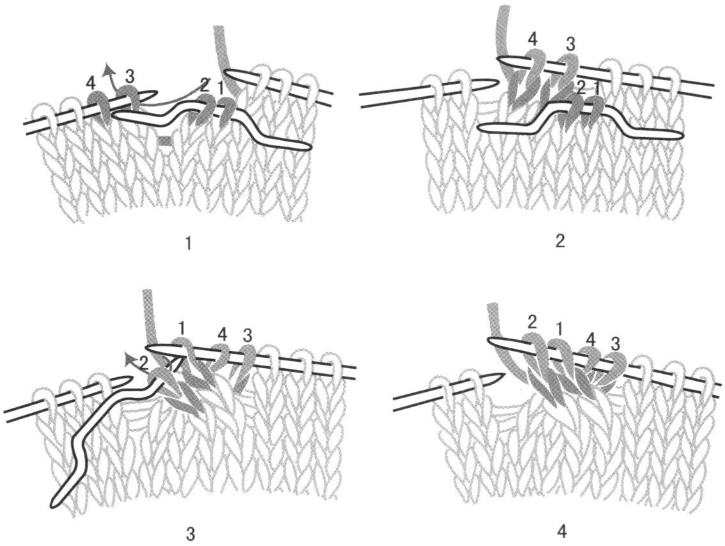

拧麻花方法

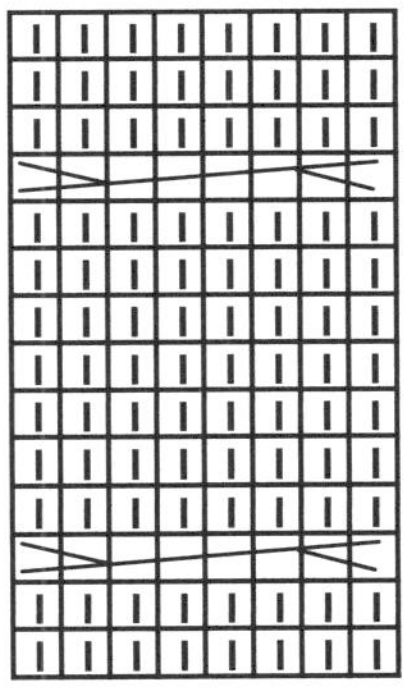

麻花针

单波浪凤尾针

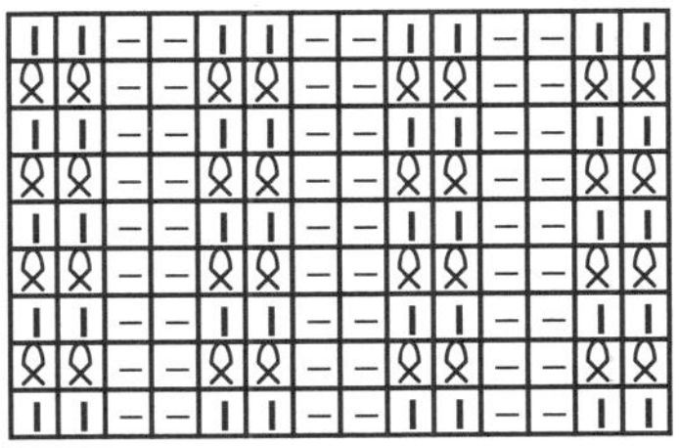

拧针双罗纹

73 水波树影开衫

材　　料: 273规格纯毛粗线

用　　量: 550克

工　　具: 6号针

尺　　寸: 以实物为准

平均密度: 边长10厘米方块 = 18针 × 25行

编织简述:

起针后往返织一个十字形，对折缝合后，分别向下挑织两袖和领子门襟等。

编织步骤:

❶ 用6号针起98针，往返向上织10厘米水波纹针。

❷ 在两侧各平加36针，整片共170针。向上直织36厘米水波纹针后，再从两侧各平减掉36针，恢复到原来的98针，向上织10厘米后平收。

❸ 对折后按相同字母缝合两侧。

❹ 用6号针从袖窿口挑出54针，环形织10厘米樱桃针后收机械边形成短袖。

❺ 从下沿挑出156针，用6号针再环形织10厘米樱桃针后收机械边形成门襟和领子等。

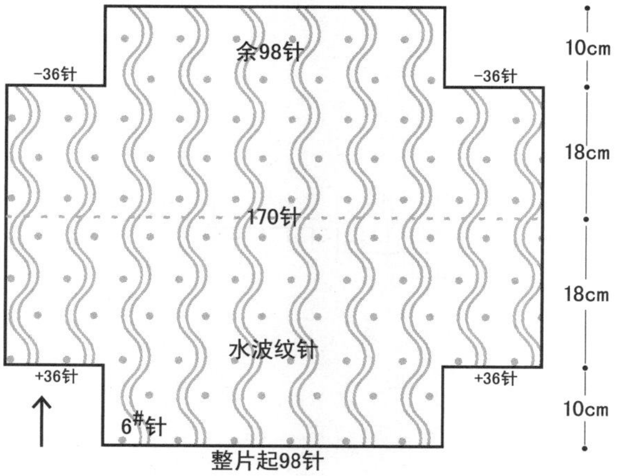

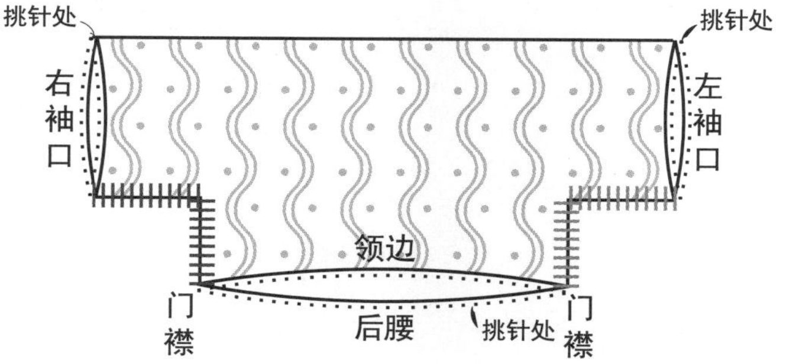

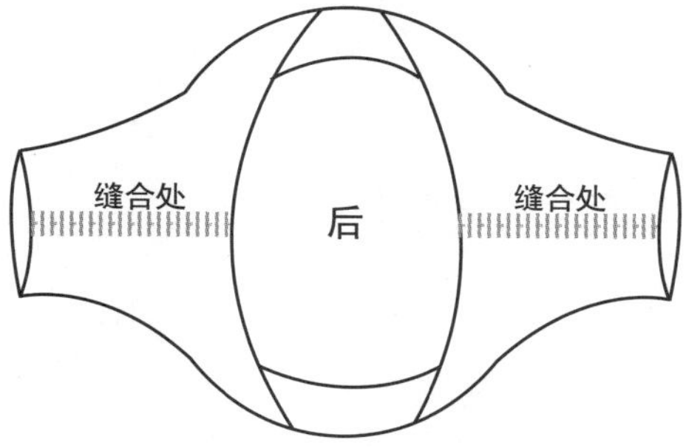

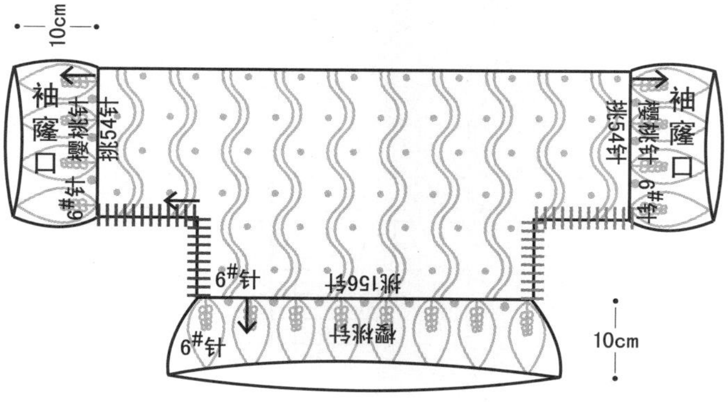

小提示:
水波纹针以反针为主，相对正针而言较涨针，编织时注意这一特点。

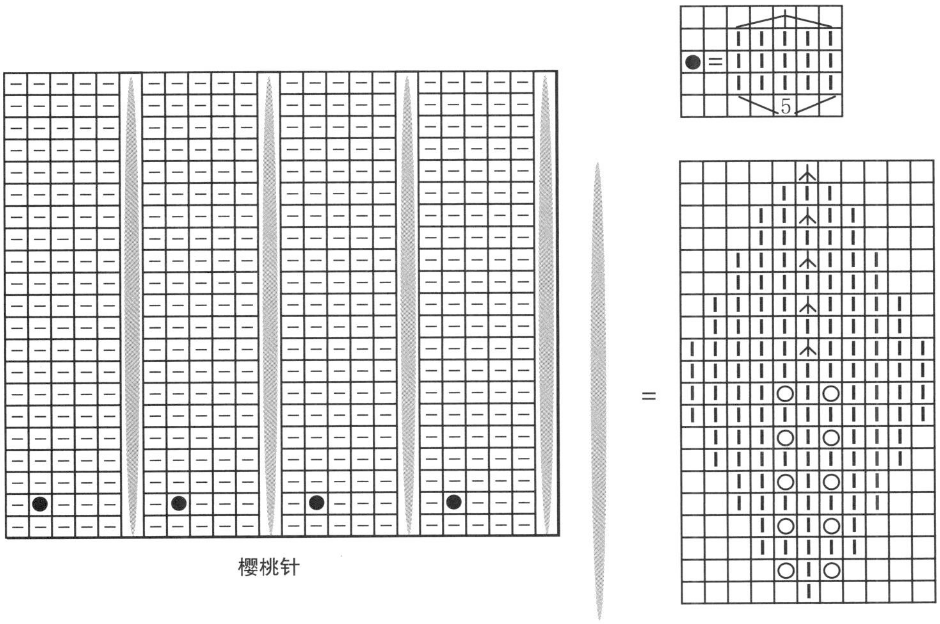

樱桃针

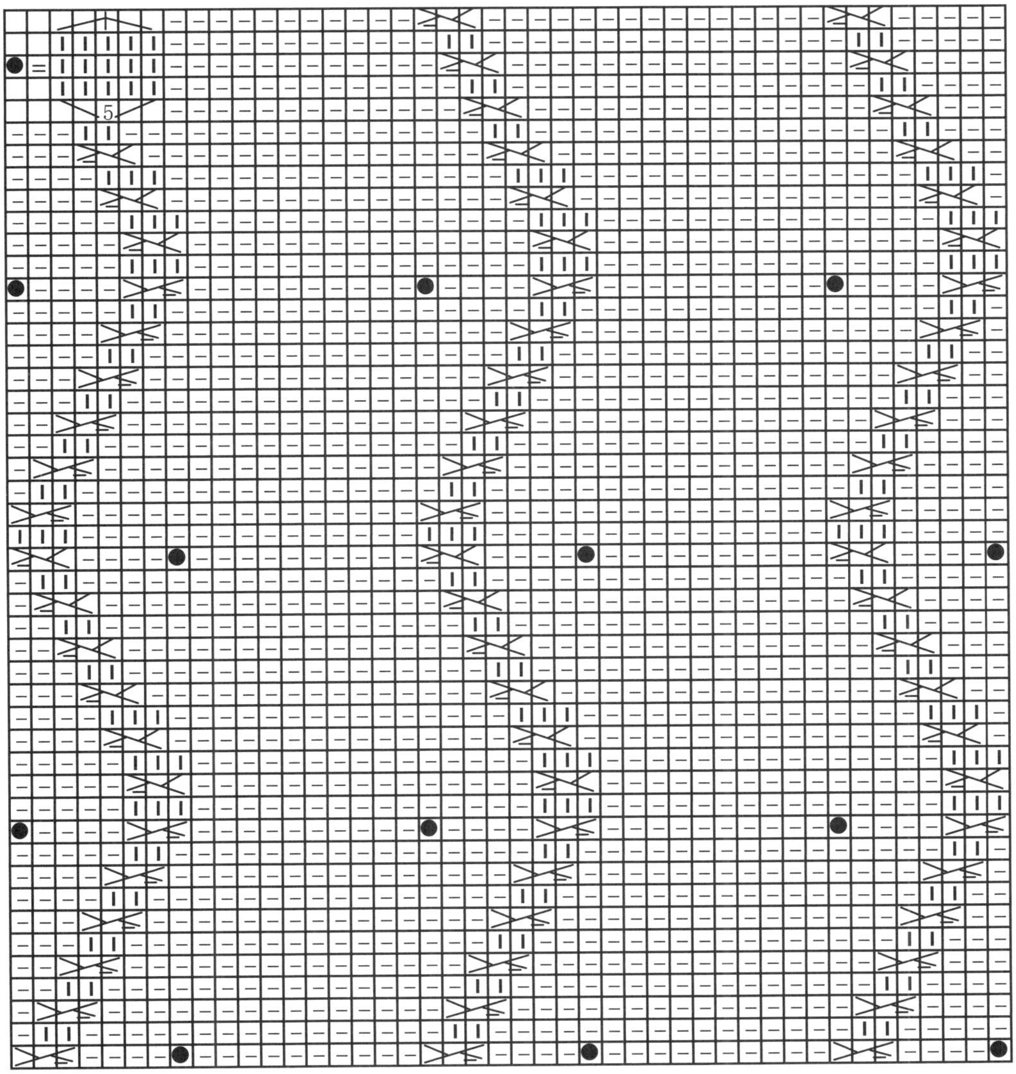

水波纹针

75 两面穿键盘披肩

材　　料： 273规格纯毛粗线

用　　量： 450克

工　　具： 6号针、8号针

尺　　寸： 以实物为准

平均密度： 边长10厘米方块 = 20针 × 25行

编织简述：

起针后环形织下摆，完成下摆后，在两侧平加针同时分前后片向上织，相应长度后将两侧平加的针目平收，同时将余针环形串起向上织领子，最后将前后片平加的针目缝合形成袖边。

编织步骤：

❶ 用8号针起130针，环形织18厘米拧罗纹针。

❷ 换6号针从正中分针往返织前后片，每片左右各平加8针，整片共81针按排花向上往返织30厘米。左右平加的8针织宽锁链针。

❸ 将两侧的8针宽锁链针平收，前后片分别余65针，前其合圈成130针用8号针环形织18厘米拧罗纹针，然后收机械边形成领子。

❹ 将前后片的8针宽锁链针对头缝合形成宽袖边。

前、后片排花：

8	65	8
宽锁链针	键盘针	宽锁链针

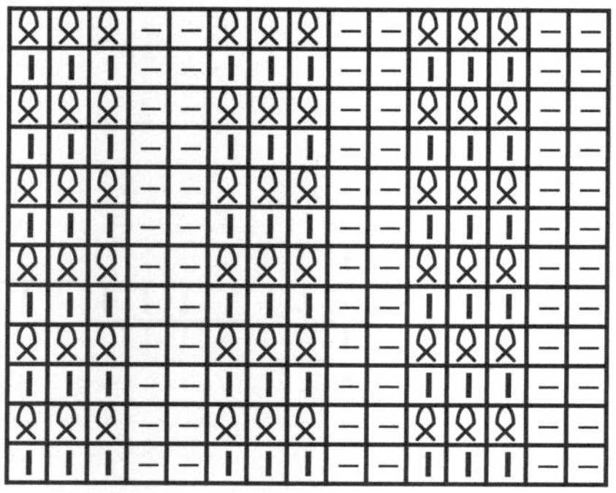

拧罗纹针

小提示：

编织键盘针时注意花纹完整对称。

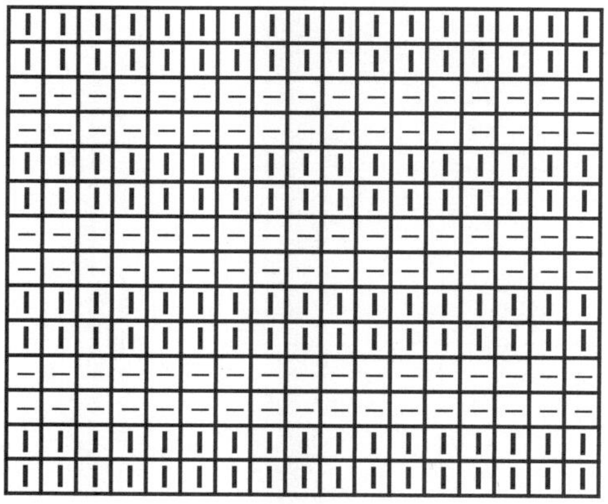

宽锁链针

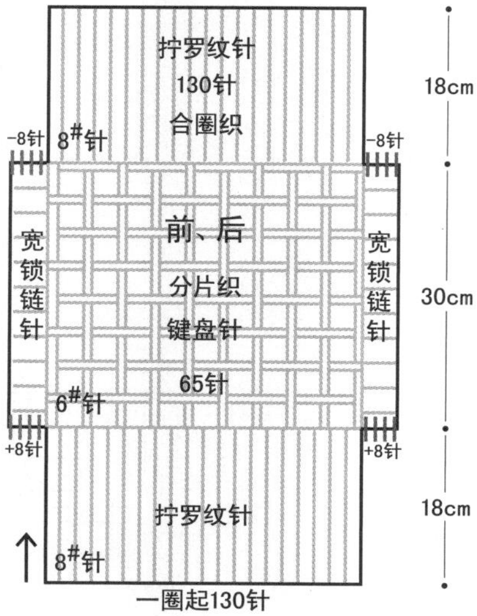

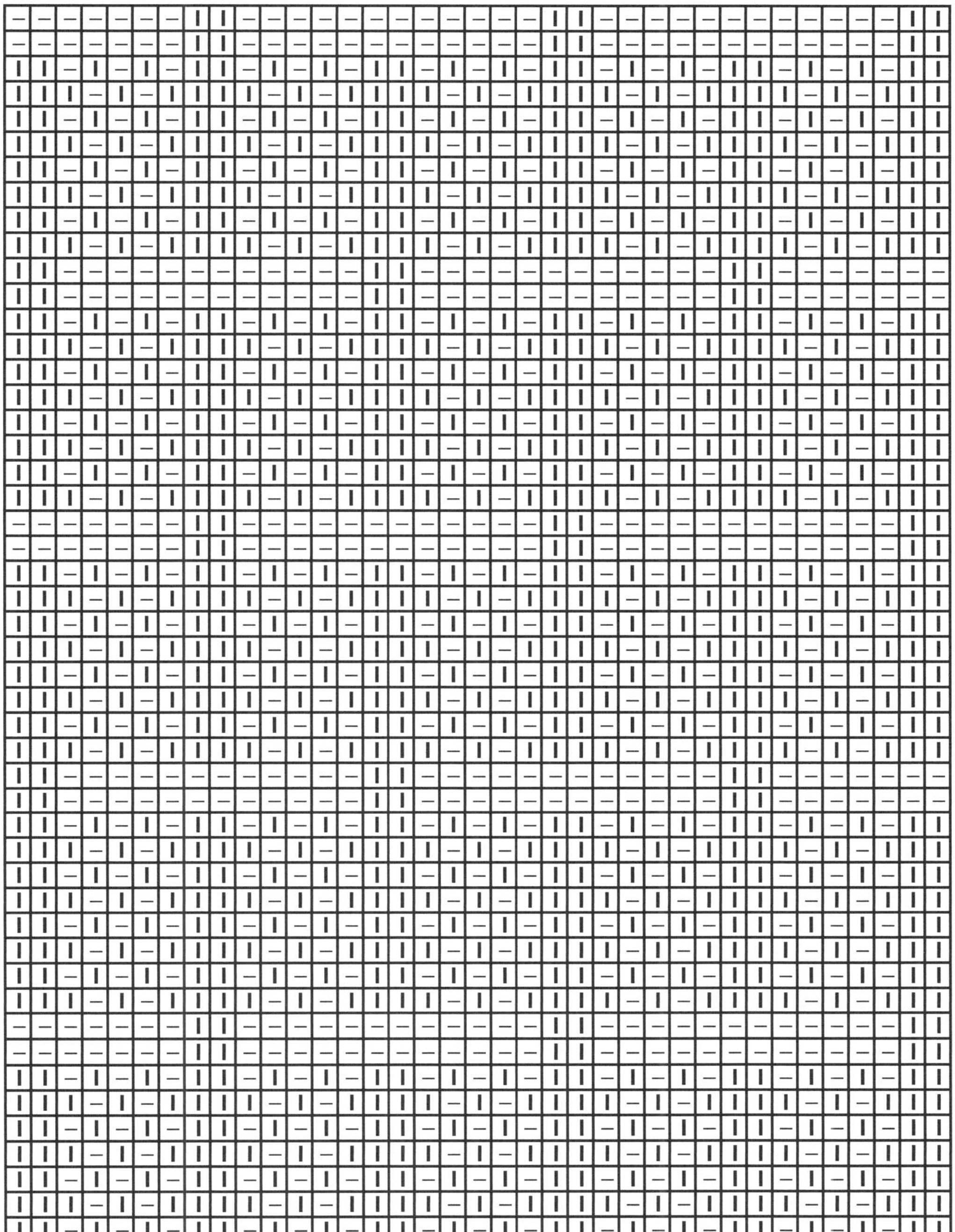

键盘针

78 高雅简约的披肩

材　　料： 278规格纯毛粗线

用　　量： 450克

工　　具： 6号针、8号针

尺　　寸： 以实物为准

平均密度： 边长10厘米方块 = 19针 × 25行

编织简述：

按图织一个不规则形，按相同字母缝合后形成披肩。

编织步骤：

❶用8号针起108针，往返织4厘米星星针。

❷换6号针按排花往返向上织8厘米后，将50正针从中间左右均分，每片各33针和75针，向上织7厘米后，再合成108针，整片向上织16厘米后，再次分片织14厘米。形成的第一个长洞用于穿围巾，第二个长洞为右袖口。

❸第二次合成108针大片向上再织27厘米后，开始从星星针一侧减针：①在边沿每行减1针减33次，②余75针为护肩。

❹护肩向上直织50厘米后，换8号针往返织4厘米星星针后收针。

❺按相同字母将减针后的斜边与起针处整齐缝合。

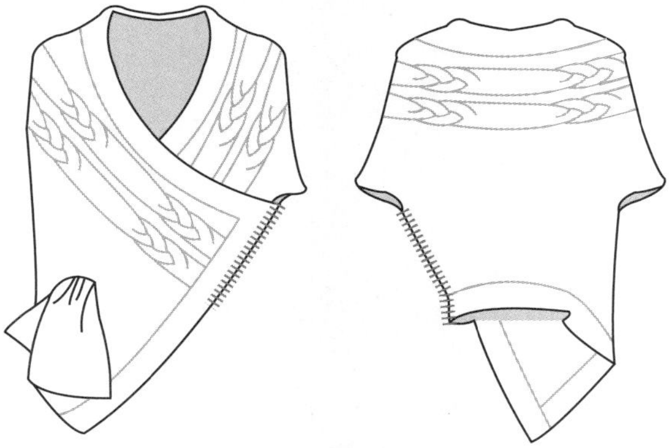

小提示：
斜边与起针处缝合时注意整齐平展。

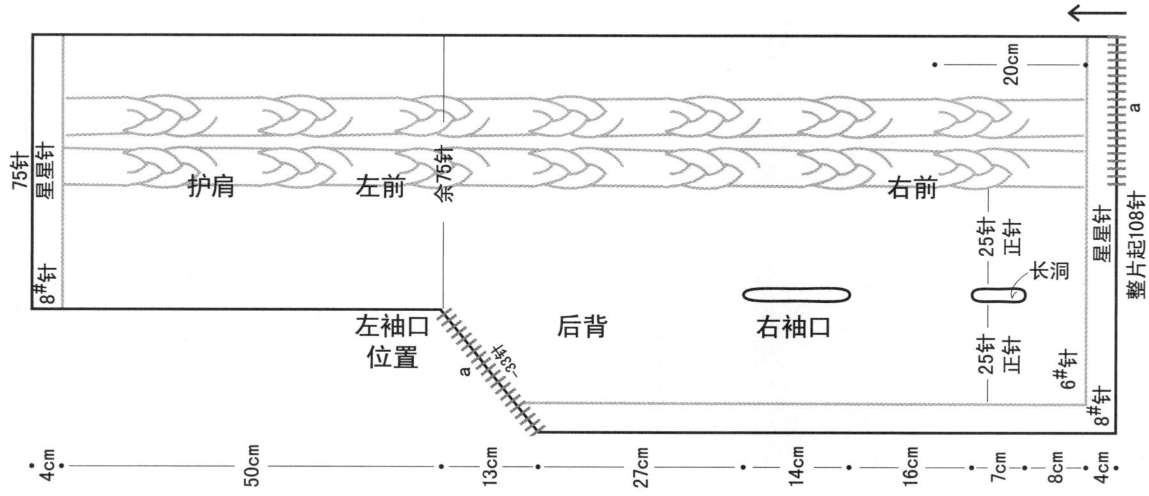

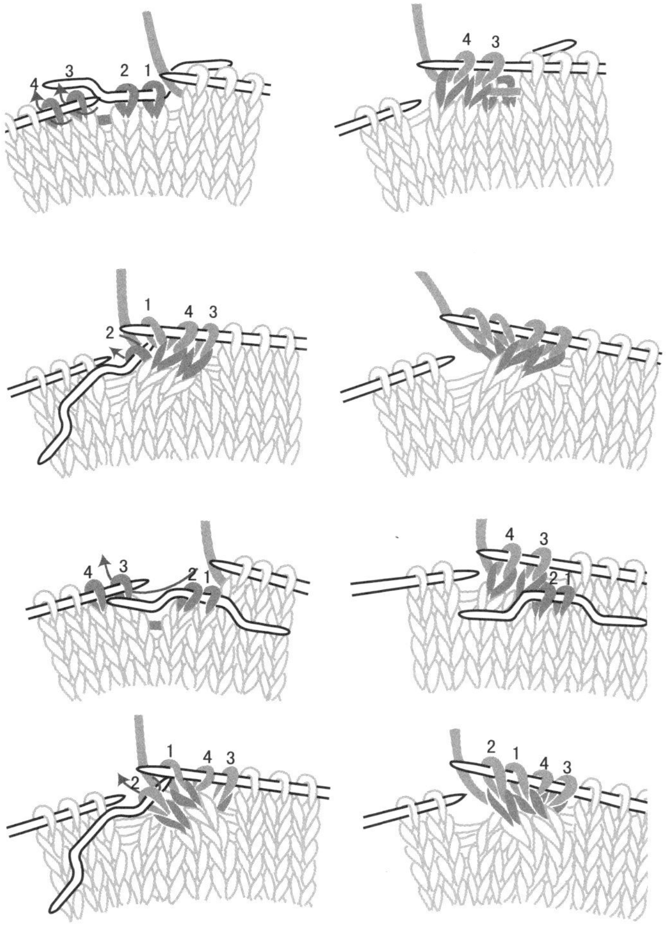

拧麻花的方法

整体排花：

8	50	2	26	2	20
星星针	正针	反针	对称辫子麻花针	反针	正针

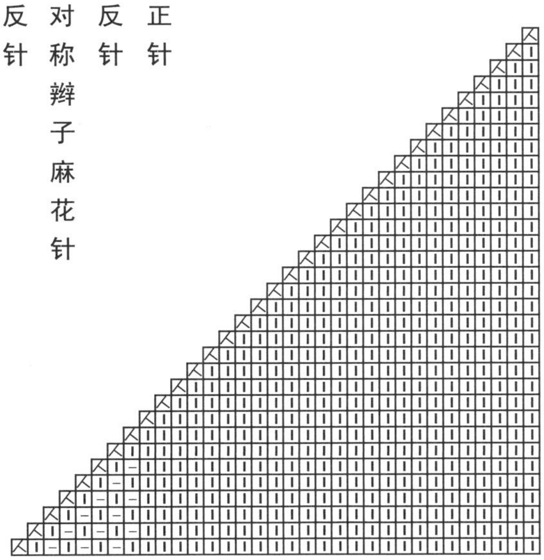

斜边减针方法

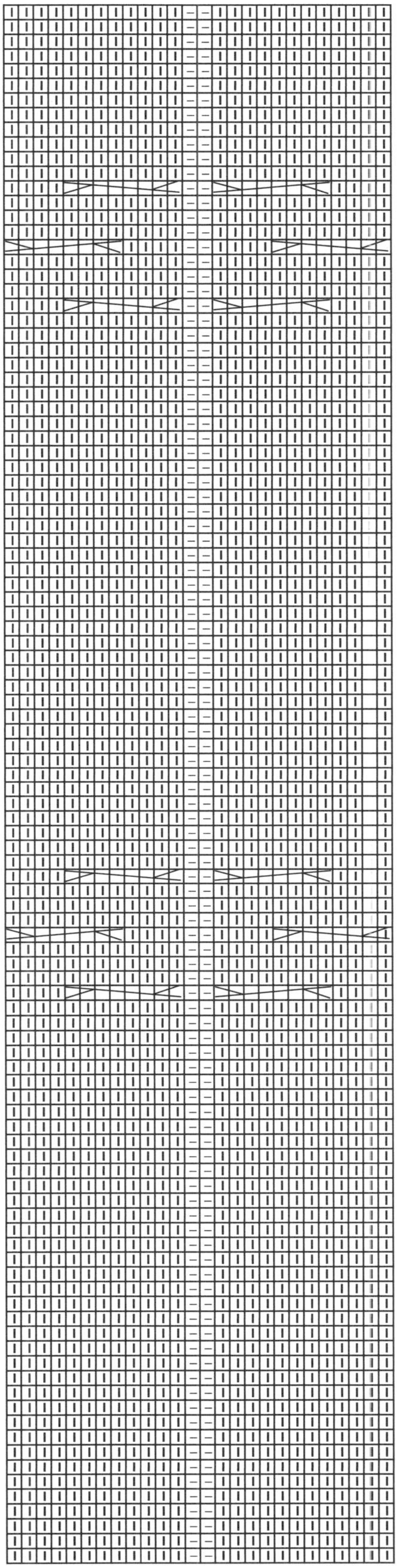

对称辫子麻花针

基础编织技巧

1. 持线、持针方法

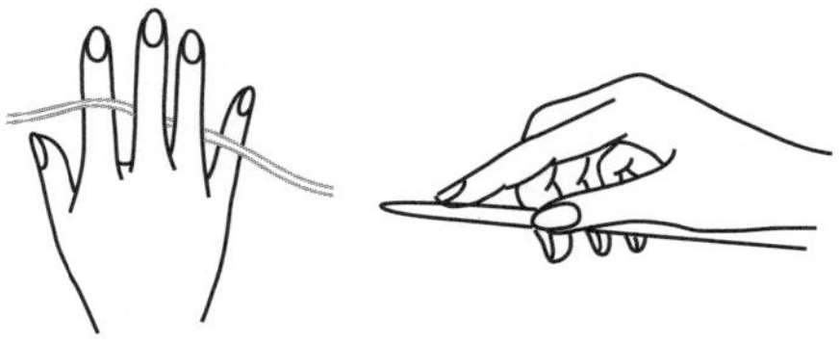

2. 双针双线起针方法

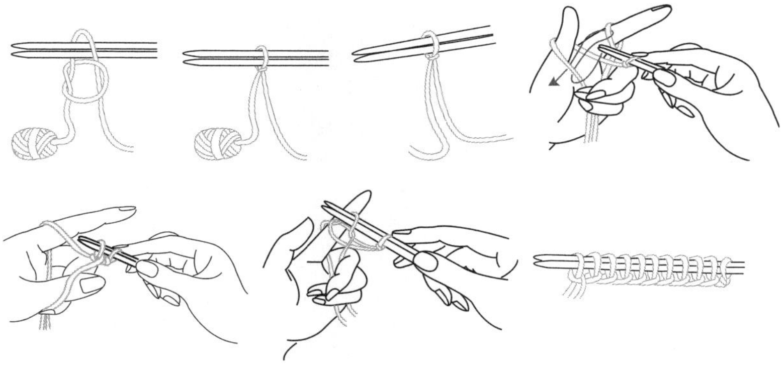

3. 绕线起针方法

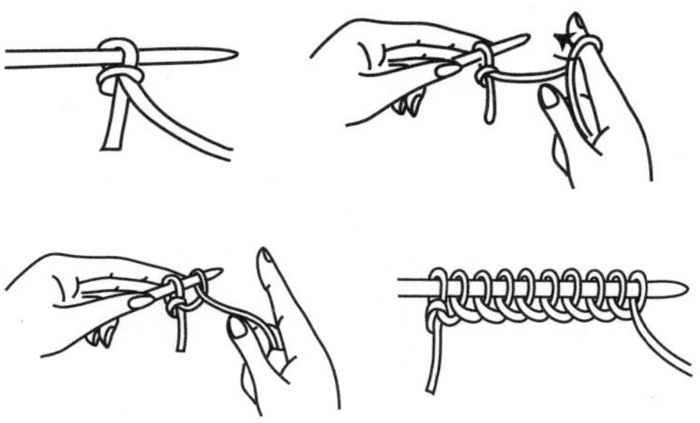

4. 钩针配合棒针起针方法

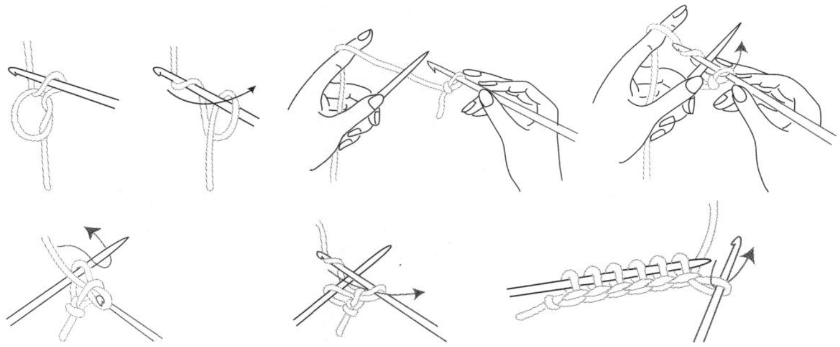

5. 单罗纹起针方法（机械边）

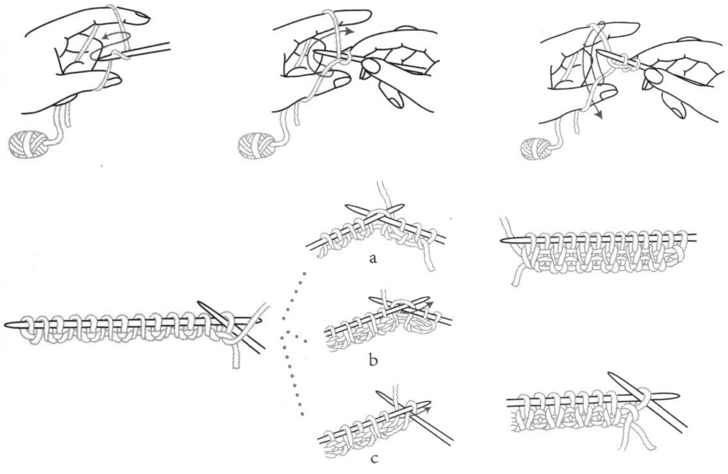

6. 单罗纹变双罗纹方法

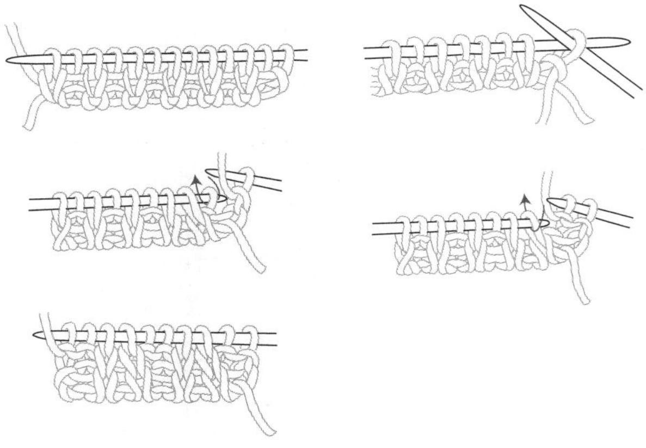

7. 直针的用法

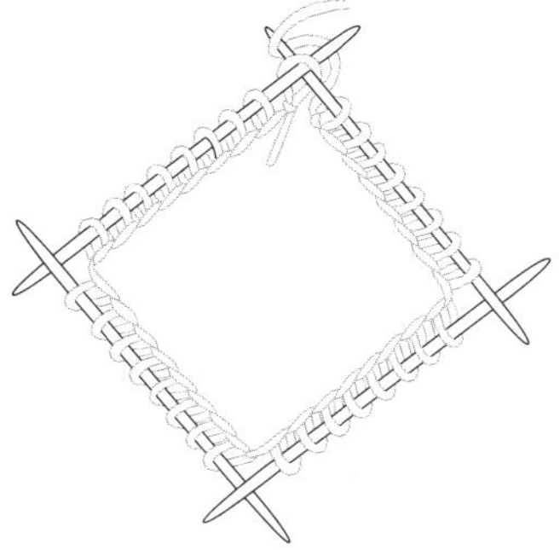

8. 环形针的用法

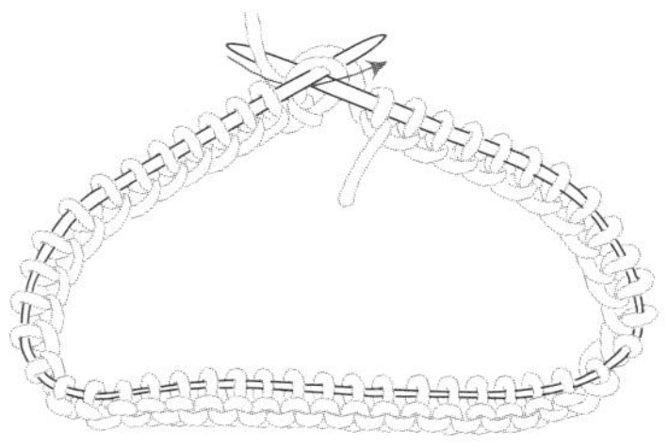

9. 收平边

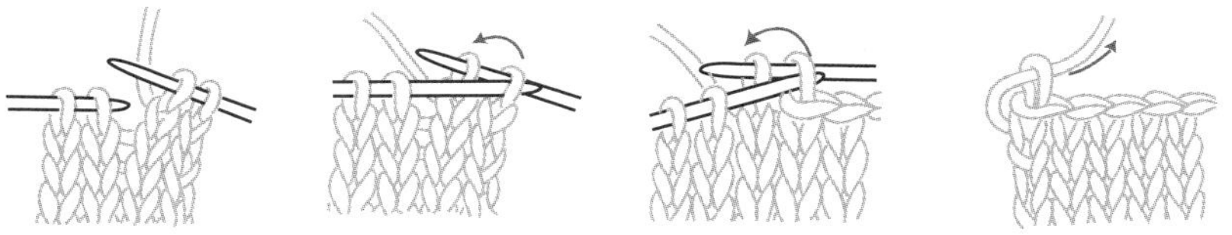

10. 代针方法

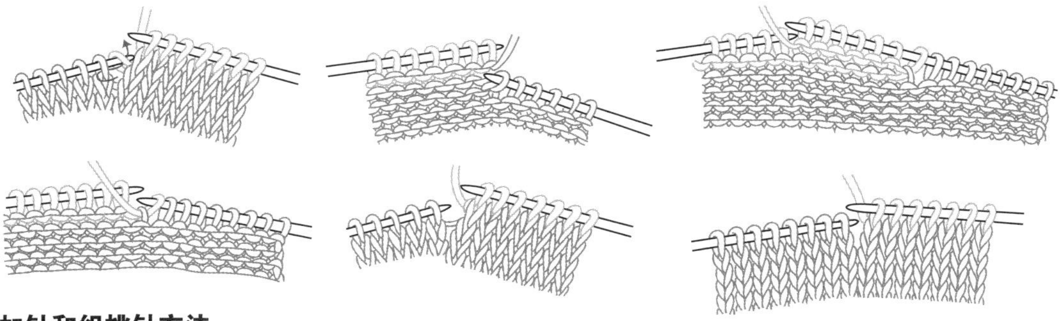

11. 侧面加针和织挑针方法

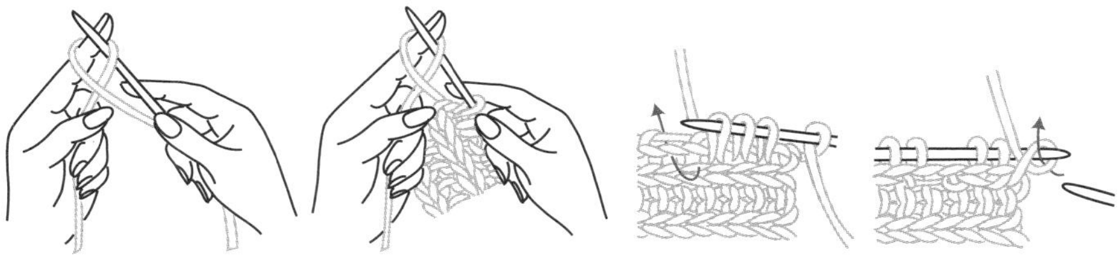

12. 扣眼织法

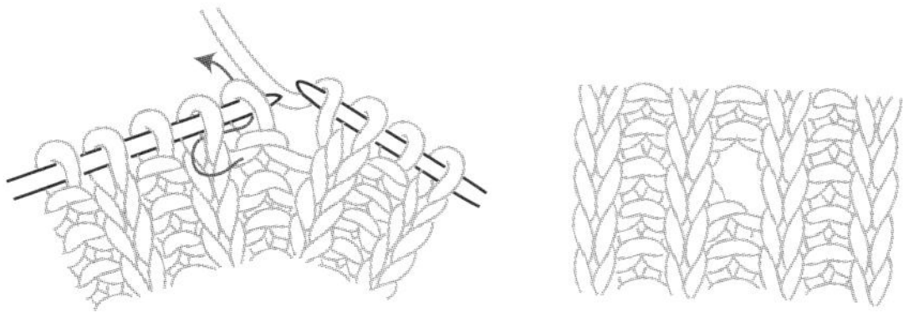

13. 小绳钩法

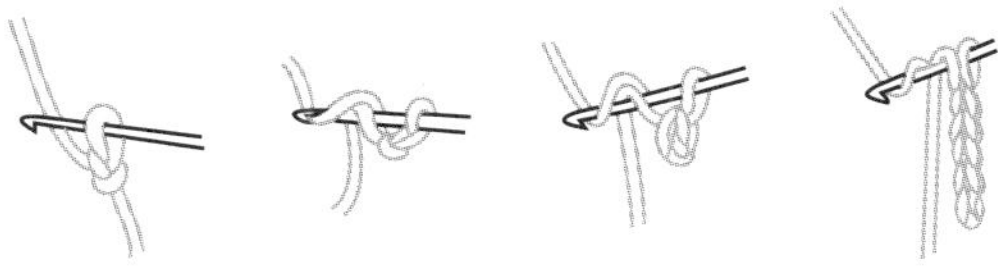

14. 挑针织法

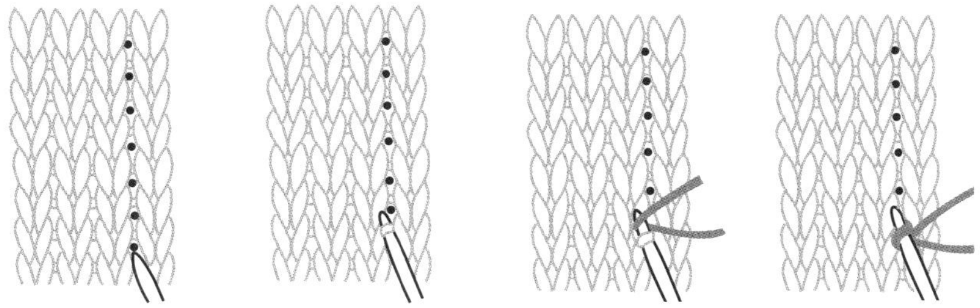

15. 缝纽扣方法

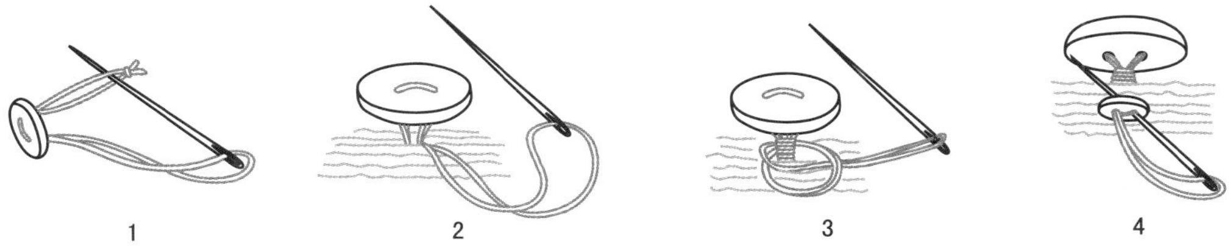

1 2 3 4

棒针编织符号及编织方法

1. 正针

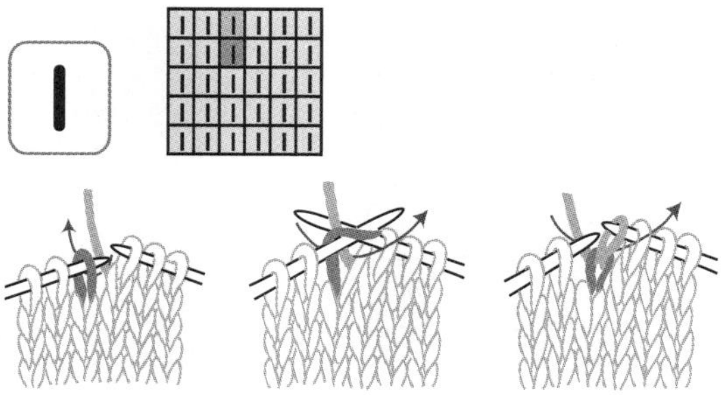

2. 反针

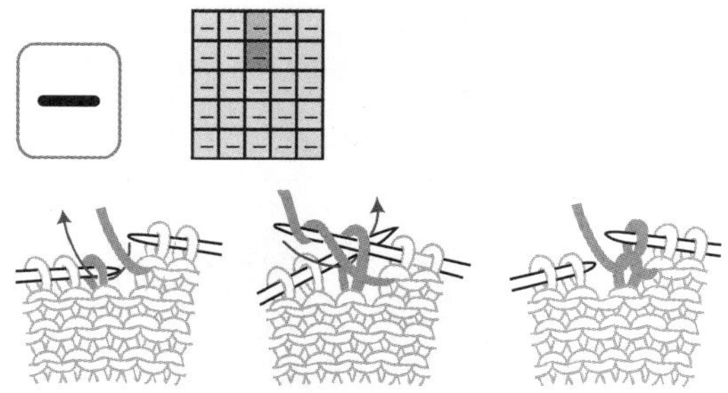

3. 空加针

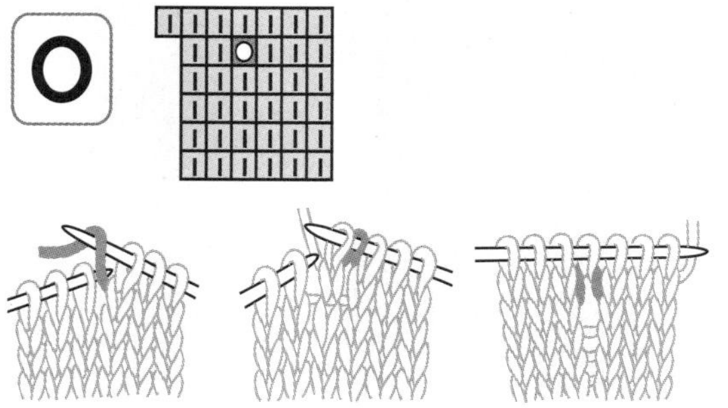

4. 拧加针

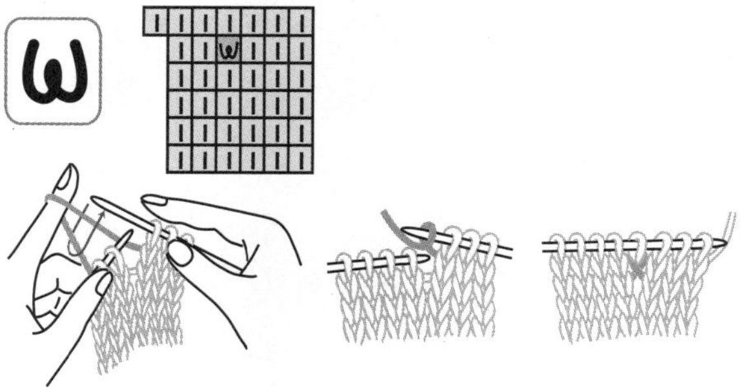

5. 左在上2针并1针

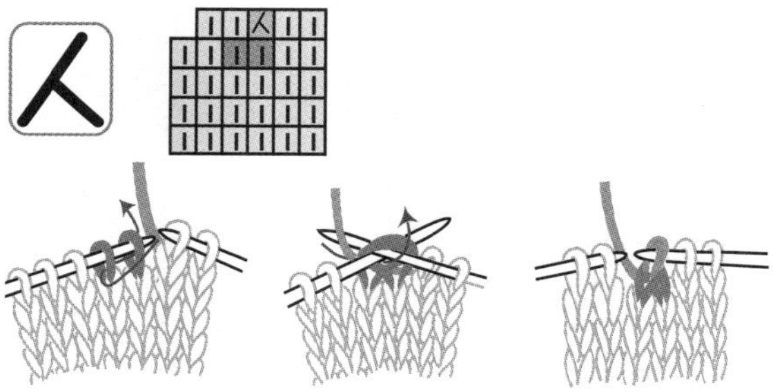

6. 右在上2针并1针

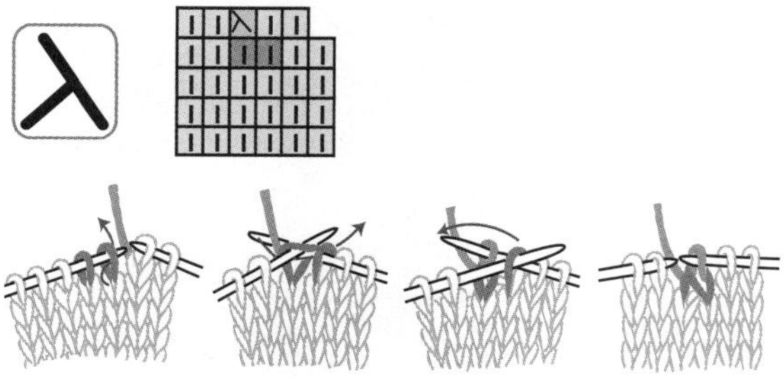

7. 反针左在上2针并1针

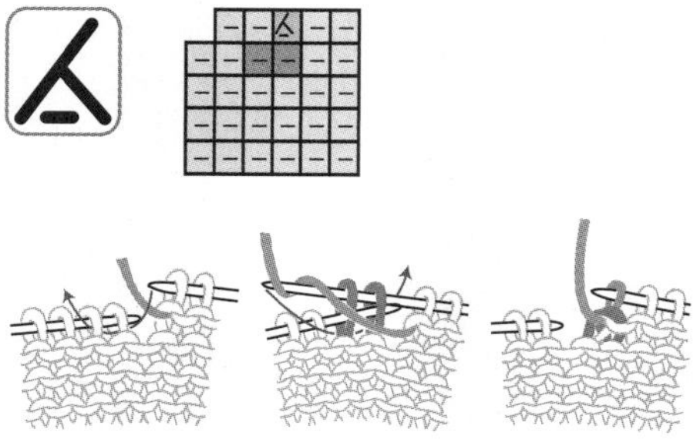

8. 反针右在上2针并1针

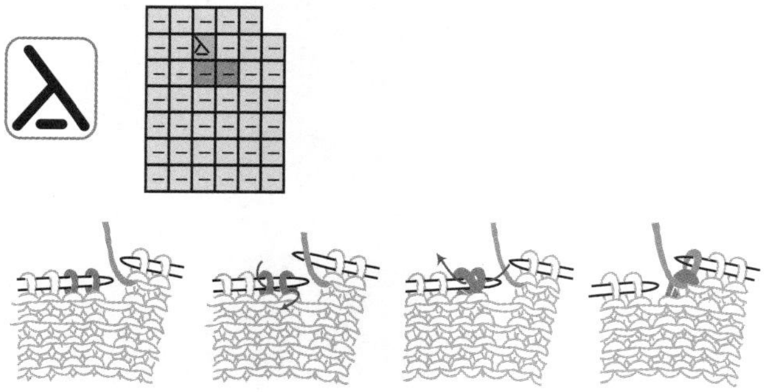

9. 左在上3针并1针

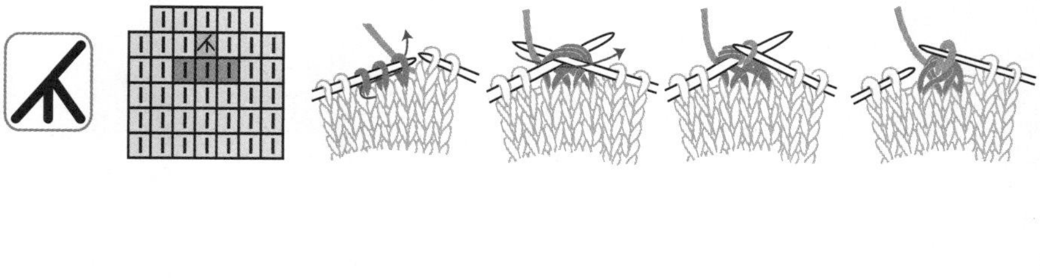

10. 右在上3针并1针

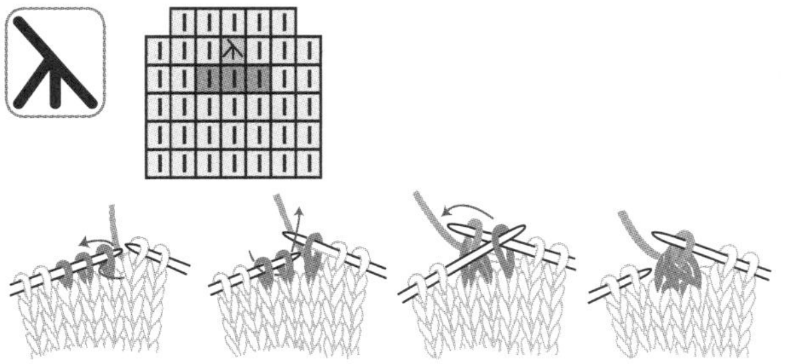

11. 中在上3针并1针

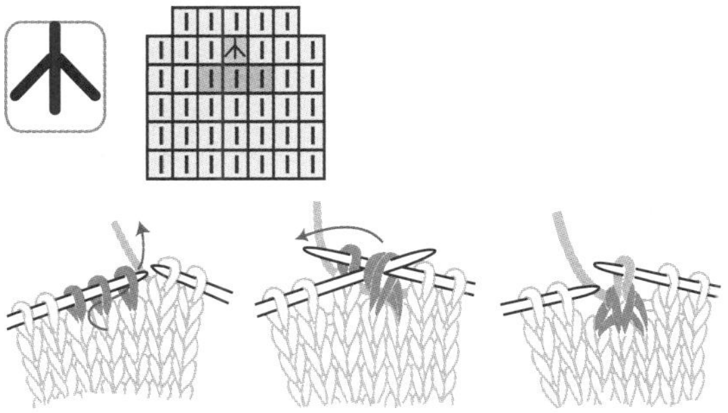

12. 反针中在上3针并1针

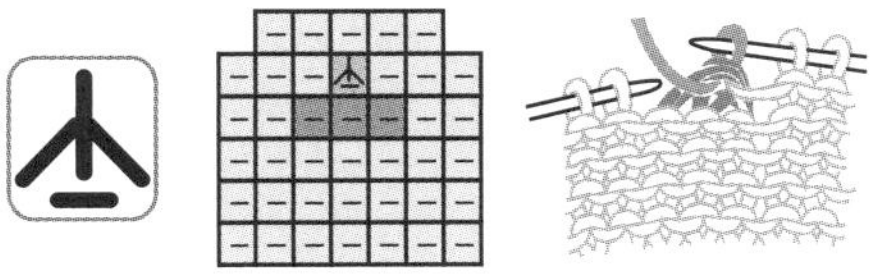

13. 挑针

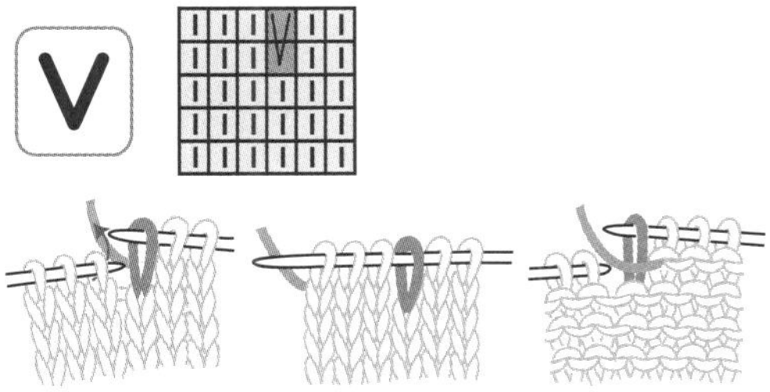

14. 拧针

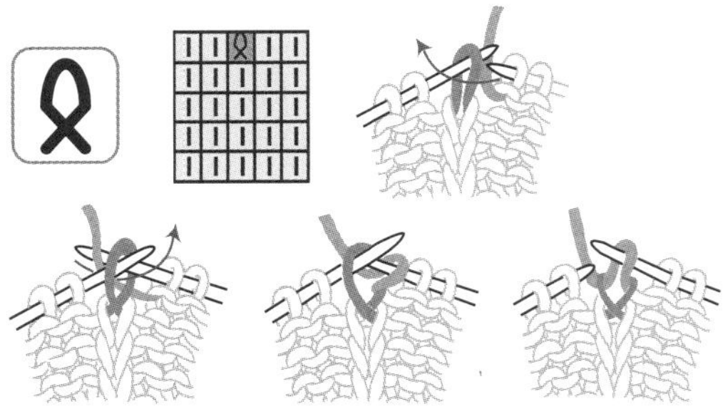

15. 左在上交叉针

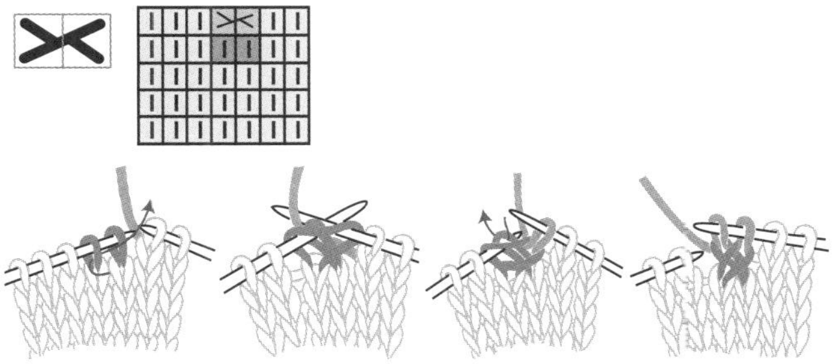

16. 右在上交叉针

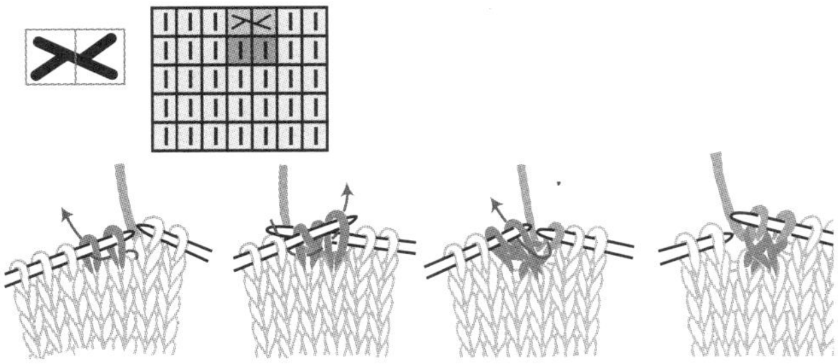

17. 四麻花针右拧

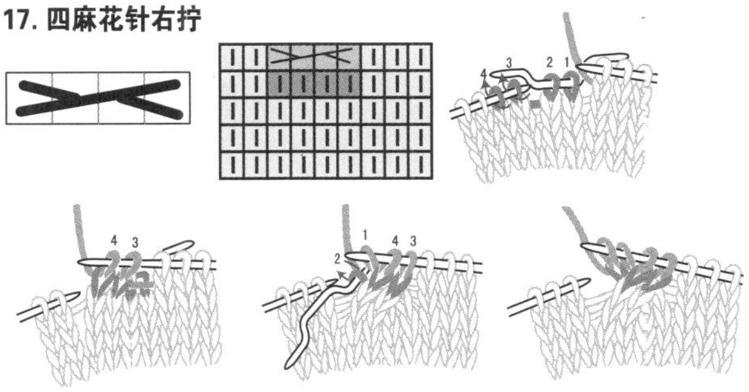

18. 四麻花针左拧

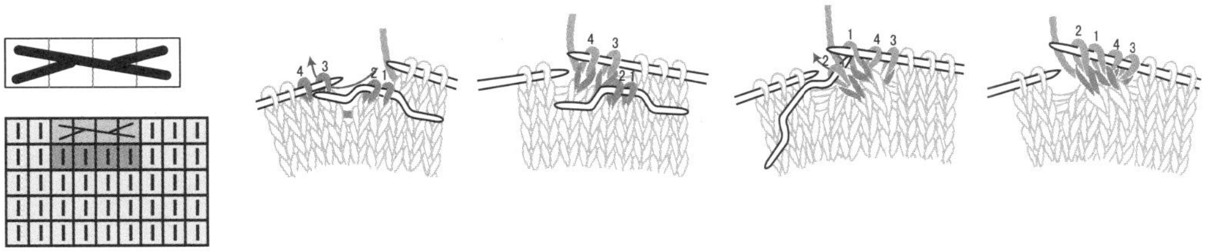

图书在版编目（CIP）数据

全图解个性混搭毛衫编织 / 王春燕著. —— 郑州：河南科学技术出版社，2012.1
ISBN 978-7-5349-5329-3

Ⅰ. ①全… Ⅱ. ①王… Ⅲ. ①毛衣—编织—图集 Ⅳ. ①TS941.763-64

中国版本图书馆CIP数据核字(2011)第192294号

出版发行： 河南科学技术出版社
地址：郑州市经五路66号　　邮编：450002
电话：（0371）65737028　　65788613
网址：www.hnstp.cn
策划编辑： 刘　欣
责任编辑： 刘　欣
责任校对： 刘　瑞
封面设计： 王　春
责任印制： 张艳芳
印　　刷： 北京盛通印刷股份有限公司
经　　销： 全国新华书店
幅面尺寸： 210 mm×285 mm　　**印张：** 11　　**字数：** 250千字
版　　次： 2012 年 1 月第 1 版　　2012年 1 月第 1 次印刷
定　　价： 38.90元